智能制造技术专业"十三五"规划教材

产教融合系列教程

应用型人才终身学习计划

智能协作机器人
技术应用初级教程
(法奥)

主　编　王　超　张明文

副主编　高加超　王璐欢　黄建华

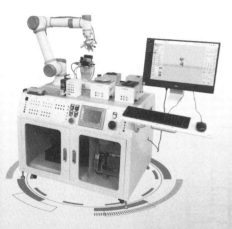

www.jijiezhi.com

教学视频+电子课件+技术交流

哈尔滨工业大学出版社
HARBIN INSTITUTE OF TECHNOLOGY PRESS

内 容 简 介

本书基于法奥机器人，从协作机器人应用过程中需掌握的技能出发，由浅入深、循序渐进地介绍了法奥机器人入门实用知识。从协作机器人的发展切入，配合丰富的实物图片，系统地介绍了法奥 FR5 机器人安全操作注意事项、首次拆箱安装、启动机器人、用户登录及权限管理、机器人坐标设置、基本操作、机器人指令介绍与编程基础等实用知识；基于具体案例，介绍了法奥机器人系统的编程、调试过程。通过学习本书，读者可对协作机器人实际使用有一个全面清晰的认识。

本书图文并茂、通俗易懂，具有很强的实用性和可操作性，既可作为高等院校和中高职院校协作机器人相关专业的教材，又可作为协作机器人培训机构用书，同时可供相关行业的技术人员参考。

图书在版编目（CIP）数据

智能协作机器人技术应用初级教程：法奥 / 王超，张明文主编. —哈尔滨：哈尔滨工业大学出版社，2022.6

产教融合系列教程

ISBN 978-7-5767-0010-7

Ⅰ．①智… Ⅱ．①王… ②张… Ⅲ．①智能机器人-教材 Ⅳ．①TP242.6

中国版本图书馆 CIP 数据核字（2022）第 107400 号

策划编辑　王桂芝　张　荣
责任编辑　张　荣　王　爽
出版发行　哈尔滨工业大学出版社
社　　址　哈尔滨市南岗区复华四道街 10 号　邮编 150006
传　　真　0451-86414749
网　　址　http://hitpress.hit.edu.cn
印　　刷　辽宁新华印务有限公司
开　　本　787 mm×1 092 mm　1/16　印张 15.25　字数 325 千字
版　　次　2022 年 6 月第 1 版　2022 年 6 月第 1 次印刷
书　　号　ISBN 978-7-5767-0010-7
定　　价　54.00 元

编 审 委 员 会

前　　言

机器人是先进制造业的重要支撑装备，也是未来智能制造业的关键切入点，协作机器人作为机器人家族中的重要一员，已被广泛应用。机器人的研发和产业化应用是衡量科技创新和高端制造发展水平的重要标志，发达国家已经把机器人产业发展作为抢占未来制造业市场、提升竞争力的重要途径。汽车工业、电子电器、工程机械等众多行业已大量使用机器人自动化生产线，在保证产品质量的同时，改善了工作环境，提高了社会生产效率，有力地推动了企业和社会生产力的发展。

当前，随着我国劳动力成本上涨，人口红利逐渐消失，生产方式向柔性、智能、精细转变，构建新型智能制造体系迫在眉睫，对机器人的需求量大幅增长。大力发展机器人产业，对于打造我国制造业新优势，推动工业转型升级，加快制造强国建设，改善人民生活水平具有深远意义。

在全球范围内的制造产业战略转型期，我国机器人产业迎来爆发性的发展机遇，然而，现阶段我国机器人领域人才供需失衡，缺乏经系统培训的、能熟练安全使用和维护机器人的专业人才。针对这一现状，为了更好地推广协作机器人技术的运用，亟需编写一本系统、全面的入门实用教材。

本书以法奥机器人为例，结合江苏哈工海渡教育科技集团有限公司的工业机器人技能考核实训台（KE 版），主要介绍基础理论与项目应用两大部分内容。本书遵循"由简入繁，软硬结合，循序渐进"的编写原则，依据初学者的学习需要，科学设置知识点，结合实训台典型实例讲解，倡导实用性教学，有助于激发学生的学习兴趣，提高教学效率，便于初学者在短时间内全面、系统地了解机器人的操作常识。

本书图文并茂、通俗易懂，具有很强的实用性和可操作性，既可作为高等院校和中高职院校协作机器人相关专业的教材，又可作为协作机器人培训机构用书，同时可供相关行业的技术人员参考。

机器人技术专业具有知识面广、实操性强等显著特点，为了提升教学效果，在教学方法上，建议采用启发式教学、开放性学习，重视实操演练、小组讨论；在学习过程中，建议结合本书配套的教学辅助资源，如六轴机器人实训台、教学课件及视频素材、教学参考与拓展资料等。

　　本书在编写过程中，得到了哈工大机器人集团的有关领导、工程技术人员和哈尔滨工业大学相关教师的鼎力支持与帮助，在此表示衷心的感谢！

　　限于编者水平，书中难免存在疏漏及不足之处，敬请读者批评指正。任何意见和建议可反馈至 E-mail:edubot_zhang@126.com。

编　者

2022 年 3 月

目　　录

第一部分　基础理论

第二部分　项目应用

第一部分 基础理论

第1章 智能协作机器人概述

1.1 智能协作机器人行业概况

当前，新科技革命和产业变革正在兴起，全球制造业正处在巨大的变革之中。《"十四五"智能制造发展规划》提出，到 2025 年，规模以上制造业企业大部分实现数字化网

※ 智能协作机器人概述

络化，重点行业骨干企业初步应用智能化；到 2035 年，规模以上制造业企业全面普及数字化网络化，重点行业骨干企业基本实现智能化。《"十四五"机器人产业发展规划》提出，到 2025 年，中国将成为全球机器人技术创新策源地、高端制造集聚地和集成应用新高地，机器人产业营业收入年均增长超过 20%，制造业机器人密度实现翻番。

随着"工业 4.0"时代的来临，全世界的制造企业也面临各种新的挑战。有些挑战已经通过日益成熟的自动化及自动化解决方案中机器人的使用得到了应对。在过去的生产线和组装线等工作流程中，人和机器人是隔离的，这一格局将有所改变，协作机器人将会变得越来越重要。虽然有些领域和生产线还是需要人力操作，但有些可以使用机器人实现局部自动化，以优化生产线。引进协作机器人会为生产线和组装线应对挑战开拓新的机遇，找到更好的解决方案，把人和机器人各自的优势发挥到极致。

根据高工产研机器人研究所（GGⅡ）数据显示，2014 年中国协作机器人销量 6 320台，同比增长 45.5%，市场规模达 5.3 亿元，同比增长 47.62%；2014～2019 年，其协作机器人销量及市场规模年复合增长率分别为 40.15% 和 64.43%。如图 1.1 所示（数据来源

高工机器人网），未来几年，在市场需求及资本推动的作用下，中国市场协作机器人厂商开始逐渐放量，协作机器人销量及市场规模会进一步扩大。预计到 2023 年，销量将达 36 500 台，市场规模将突破 35 亿元。

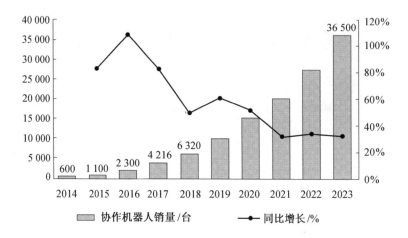

图 1.1　2014～2023 年中国协作机器人销量及其预测

目前全球范围内，无论是传统工业机器人巨头，还是新兴的机器人创业公司都在加紧布局协作机器人。以中国为例，《中国制造 2025》规划的出台为协作机器人提供了广阔的市场前景。

结合高工产研机器人究所（GGⅡ）和 IFR 统计数据分析，近年来我国协作机器人销量占工业机器人销量的比重逐渐提升，2018 年协作机器人销量占比为 4.1%，2019 年提升至 5.5%，如图 1.2 所示。

图 1.2　2014～2019 年中国协作机器人销量占工业机器人销量比重变化情况

协作机器人作为工业机器人的一个重要分支，将迎来爆发性发展态势，同时带来对协作机器人行业人才的大量需求，培养协作机器人行业人才迫在眉睫。而协作机器人行业的多品牌竞争局面，迫使学习者需要根据行业特点和市场需求，合理选择学习和使用某品牌的协作机器人，从而提高自身职业技能和个人竞争力。

1.2 智能协作机器人定义及特点

协作机器人（collaborative robot，cobot 或 co-robot），是为与人直接交互而设计的机器人，即一种被设计成能与人类在共同工作空间中进行近距离互动的机器人。

传统工业机器人是在安全围栏或其他保护措施之下，完成诸如焊接、喷涂、搬运码垛、抛光打磨等高精度、高速度的操作。而协作机器人打破了传统的全手动和全自动的生产模式，能够直接与操作人员在同一条生产线上工作，却不需要使用安全围栏与人隔离，如图 1.3 所示。

图 1.3 协作机器人在没有防护围栏环境下工作

协作机器人具有以下主要特点：

（1）轻量化：使机器人更易于控制，提高安全性。

（2）友好性：保证机器人的表面和关节是光滑且平整的，无尖锐的转角或者易夹伤操作人员的缝隙。

（3）部署灵活：机身能够缩小到可放置在工作台上的尺寸，可安装于任何地方。

（4）感知能力：可感知周围的环境，并根据环境的变化改变自身的动作行为。

（5）人机协作：具有敏感的力反馈特性，当达到已设定的力时会立即停止动作，在风险评估后可不需要安装保护栏，使人和机器人能协同工作。

（6）编程方便：对于一些普通操作者和非技术背景的人员来说，都非常容易进行编程与调试。

（7）使用成本低：基本上不需要维护保养成本的投入，机器人本体功耗较低。

协作机器人与传统工业机器人的特点对比见表 1.1。

表 1.1　协作机器人与传统工业机器人的特点对比

	协作机器人	传统工业机器人
目标市场	中小企业、3C 行业、对柔性生产具有极高要求的企业	大规模生产企业
生产模式	个性化、中小批量的小型生产线或人机混线的半自动场合	单一品种、大批量、周期性强、高节拍的全自动生产线
工业环境	半结构化、与人协作	封闭、结构化、与人隔离
操作环境	编程简单直观、可拖动示教	专业人员编程、机器示教再现
常用领域	精密装配、检测、产品包装、抛光打磨等	焊接、装配、喷涂、搬运、码垛等

协作机器人只是整个工业机器人产业链中一个非常重要的细分类别，有其独特的优势，但缺点也很明显：

（1）速度慢：为了控制力和碰撞，协作机器人的运行速度比较慢，通常只有传统工业机器人的 1/3～1/2。

（2）精度低：为了减少机器人运动时的动能，协作机器人一般质量比较小，结构相对简单，这就造成整个机器人的刚性不足，定位精度相比传统机器人差 1 个数量级。

（3）负载小：低自重、低能量的要求，导致协作机器人体型都很小，负载一般在 6 kg 以下，工作范围只与人的手臂相当，很多场合无法使用。

1.3　智能协作机器人发展概况

1.3.1　智能协作机器人简介

目前的协作机器人市场仍处于起步阶段。现有公开数据显示，全球的近 20 家企业公开发布了近 30 款协作机器人。根据结构及功能，本书选取了 5 款协作机器人进行简要介绍，其中包括 Universal Robots 的 UR5、KUKA 的 LBR iiwa、ABB 的 YuMi、FANUC 的 CR-35iA 以及 FAIR 的 FR5。

※ 智能协作机器人发展概况

1. UR5

UR5 六轴协作机器人是 Universal Robots 于 2004 年推出的全球首款协作机器人，如图 1.4 所示。UR5 采用其自主研发的 Poly Scope 机器人系统软件，该系统操作简便，易于掌握，即使没有任何编程经验，也可当场完成调试并实现运行。

　　UR5 机器人轻巧、节省空间、易于重新部署在多个应用程序中，而不会改变生产布局，使工作人员能够灵活自动处理几乎任何手动作业，包括小批量或快速切换作业。该机器人能够在无安全保护防护装置、旁边无人工操作员的情况下运转操作。图 1.5 所示为 UR5 在 3C 行业中对产品移动拧紧的应用。

图 1.4　UR5 机器人

图 1.5　UR5 在 3C 行业中的应用

2. LBR iiwa

　　LBR iiwa 是 KUKA 开发的第一款量产灵敏型机器人，也是具有人机协作能力的机器人，如图 1.6 所示。该款机器人具有突破性构造的七轴机器人手臂，使用智能控制技术、高性能传感器和最先进的软件技术。所有的轴都具有高性能碰撞检测功能和集成的关节力矩传感器，可以立即识别接触并立即降低力和速度。

　　LBR iiwa 能感测正确的安装位置，以最高精度极其快速地安装工件，并且与轴相关的力矩精度达到最大力矩的 ±2%，特别适用于柔性、灵活度和精准度要求较高的行业，如电子、医药、精密仪器等工业，如图 1.7 所示。

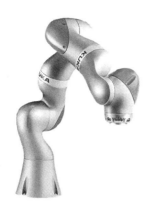

图 1.6　KUKA LBR iiwa 机器人

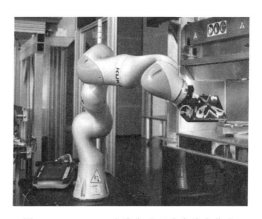

图 1.7　LBR iiwa 在汽车公司生产线上作业

3. YuMi

YuMi 是 ABB 首款协作机器人，如图 1.8 所示，该机器人自身拥有双七轴手臂，工作范围大，精确自主，同时采用了"固有安全级"设计，拥有软垫包裹的机械臂、力传感器和嵌入式安全系统，因此可以与人类并肩工作，没有任何障碍。它能在极狭小的空间内像人一样灵巧地完成小件装配所要求的动作，可最大限度节省厂房占用面积，还能直接装入原本为人设计的操作工位。

"YuMi"的名字来源于英文"you"（你）和"me"（我）的组合。YuMi 主要用于小组件及元器件的组装，如机械手表的精密部件和手机、平板电脑以及台式电脑的零部件等，如图 1.9 所示。整个装配解决方案包括自适应的手、灵活的零部件上料机、控制力传感、视觉指导和 ABB 的监控及软件技术。

 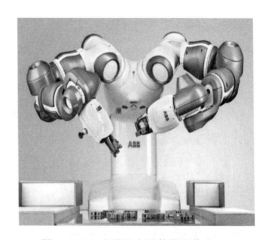

图 1.8　ABB YuMi 机器人　　　　　图 1.9　YuMi 用于小零件装配作业

4. CR-35iA

2015 年，FANUC 在中国地区正式推出全球负载最大的六轴协作机器人 CR-35iA，如图 1.10 所示，创建了协作机器人领域的新标杆。CR-35iA 机器人整个机身由绿色软护罩包裹，内置 INVision 视觉系统，同时具有意外接触停止功能。它外接 R-30iB 控制器，支持拖动示教。CR-35iA 可以说是协作机器人中的"绿巨人"。

为实现高负载，FANUC 公司没有采用轻量化设计，而是在传统工业机器人的基础上进行了改装升级。CR-35iA 可协同工人完成重零件的搬运及装配工作，例如，安装汽车轮胎或往机床搬运工件等，如图 1.11 所示。

图 1.10　FANUC 的 CR-35iA

图 1.11　CR-35iA 为汽车安装轮胎

5. FR5

FAIR 是第一家实现全核心零部件自主研发的协作机器人公司。FR5 为 FAIR 系列模块化协作机器人之一，如图 1.12 所示，其主要由机器人本体、控制器、示教器组成。它采用关节模块化设计，通过示教器操作界面或拖动示教，用户可以控制各个关节的转动。

FR5 协作机器人可应用于焊接、打螺丝、涂胶、喷涂、搬运等。图 1.13 所示为 FR5 应用于机床上下料。

图 1.12　FR5 机器人

图 1.13　FR5 应用于机床上下料

1.3.2　协作机器人的发展趋势

协作机器人作为工业机器人家族的后起之秀，近年来在各大厂商和资本市场的持续关注下，其创新应用模式不断涌现，应用场景日益多元化。然而，在新市场快速兴起的过程中，机遇与挑战并存往往成为常态，特别是面对当前以创新为核心驱动，以 5G 通信、大数据、云计算、智能物联网、人工智能等为技术支撑，推动不同产业间、行业间实现跨界融合发展的"智能经济"新时代，协作机器人如何把握"智能经济"发展机遇，快速找准市场定位，推进产业化进程，值得协作机器人厂商进行深入思考与探究。协作机器人除了在机体的设计上变得更轻巧易用之外，其发展已呈现如下趋势。

1. 可扩展模块化架构

基于可扩展的软硬件平台的可重构机器人成为研究热点之一，随着制造业的生产模式从大批量转向用户定制，未来机器人市场将会以功能模块为单位，针对各个不同的作业要求向个性化定制的方向发展。

2. 以自动化为目的的人工智能化

利用机器学习的方法，采集不同任务情况下产生的人、环境与机器的交互数据并分析，给协作机器人赋予高级人工智能，打造一个更加智能化生产的闭环；同时，使用自然语言识别技术，让协作机器人具备基本的语音控制和交互能力。

3. 模块化设计

模块化设计的概念在协作机器人上体现得尤为突出。快速可重构的模块化关节为国内厂家提供了一种新思路，加速了协作机器人的设计。用户可以把更多的精力放到控制器、示教器等其他核心部分的研究中。随着关节模块内零部件国产化的普及，价格也在逐年降低。

4. 机械结构的仿生化

协作机器人机械臂越接近人手臂的结构，其灵活度就越高，更加适合处理相对精细的任务，如生产流水线上的辅助工人分拣、装配等操作。三指变胞手和柔性仿生机械手都属于提高协作机器人抓取能力的前沿技术。

5. 机器人系统生态化

机器人系统生态化，可以吸引第三方开发围绕机器人的成熟工具和软件，如复杂的工具、机器人外围设备接口等，有助于降低机器人应用的配置困难，提升使用效率。

6. 市场定位逐渐清晰

个性化定制和柔性化生产所需要的已经不是传统的生产方式，不断迭代的产品对机器人组装工艺的通用性、精准度、可靠性都提出了越来越高的要求。为了应对这一挑战，需要更柔性、更高效的解决方案，那就是智能化与协作，制造方式必然需要具备更高的灵活性和自动化程度。由此，能和工人并肩协同工作的协作机器人成为迫切需求。

1.4 智能协作机器人主要技术参数

选用什么样的协作机器人，首先要了解机器人的主要技术参数，然后根据生产和工艺的实际要求，通过机器的技术参数来选择机器人的机械结构、坐标形式等。

协作机器人的技术参数反映了机器人的适用范围和工作性能，主要包括自由度、额定负载、工作空间和工作精度。其他技术参数还有工作速度、控制方式、驱动方式、安装方式、动力源容量、本体质量、环境参数等。

1. 自由度

自由度是指描述物体运动所需要的独立坐标数。

空间直角坐标系又称笛卡尔直角坐标系，它是以空间一点 O 为原点，建立三条两两相互垂直的数轴，即 x 轴、y 轴和 z 轴。机器人系统中常用的坐标系为右手坐标系，且三个轴的正方向符合右手规则：右手大拇指指向 z 轴正方向，食指指向 x 轴正方向，中指指向 y 轴正方向，如图 1.14 所示。

在三维空间中描述一个物体的位姿（即位置和姿态）需要 6 个自由度，如图 1.15 所示。

➢ 沿空间直角坐标系 $O\text{-}xyz$ 的 x、y、z 3 个轴的平移运动 T_x、T_y、T_z。

➢ 绕空间直角坐标系 $O\text{-}xyz$ 的 x、y、z 3 个轴的旋转运动 R_x、R_y、R_z。

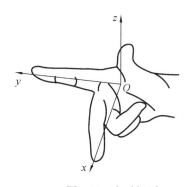

图 1.14 右手规则

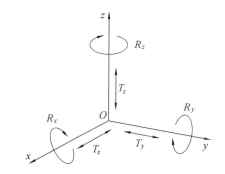

图 1.15 刚体的 6 个自由度

机器人的自由度是指机器人相对坐标系能够进行独立运动的数目，不包括末端执行器的动作，如焊接、喷涂等。通常，垂直多关节机器人以 6 个自由度为主。

机器人的自由度反映机器人动作的灵活性，自由度越多，机器人就越能接近人手的动作机能，通用性越好；但是自由度越多，结构就越复杂，如图 1.16 所示，对机器人的整体要求就越高。因此，协作机器人的自由度是根据其用途设计的。

采用空间开链连杆机构的机器人，因每个关节运动仅有一个自由度，所以机器人的自由度数就等于它的关节数。

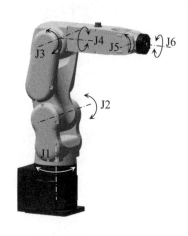
（a） FANUC LR Mate 200iD/4S

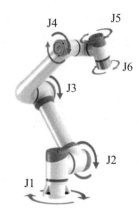
（b） FAIR FR5

图 1.16　自由度

2. 额定负载

额定负载也称有效负荷，是指正常作业条件下，协作机器人在规定性能范围内，手腕末端所能承受的最大载荷。协作机器人的额定负载见表 1.2。

表 1.2　协作机器人的额定负载

品牌	ABB	FANUC	FAIR	COMAU
型号	YuMi	CR-35iA	FR5	e.Do
实物图				
额定负载/kg	0.5	35	5	1

3. 工作空间

工作空间又称工作范围、工作行程，是指协作机器人作业时，手腕参考中心（即手腕旋转中心）所能达到的空间区域，不包括手部本身所能达到的区域。

工作空间的形状和大小反映了机器人工作能力的大小，它不仅与机器人各连杆的尺寸有关，还与机器人的总体结构有关，协作机器人在作业时可能会因存在手部不能到达的作业死区而不能完成规定任务。

由于末端执行器的形状和尺寸是多种多样的，为真实反映机器人的特征参数，工作范围一般是指不安装末端执行器时，其可以达到的区域。

注：在装上末端执行器后，需要同时保证工具姿态，实际的可到达空间和理想状态的可到达空间有差距，因此需要通过比例作图或模型核算，来判断是否满足实际需求。

4. 工作精度

协作机器人的工作精度包括定位精度和重复定位精度。

定位精度又称绝对精度，是指机器人的末端执行器实际到达位置与目标位置之间的差距。

重复定位精度简称重复精度，是指在相同的运动位置指令下，机器人重复定位其末端执行器于同一目标位置的能力，以实际位置值的分散程度来表示。

实际上机器人重复执行某位置给定指令时，它每次走过的距离并不相同，均是在一平均值附近变化。该平均值代表精度，变化的幅值代表重复精度，如图 1.17 和图 1.18 所示。机器人具有绝对精度低、重复精度高的特点，常见协作机器人的重复定位精度见表 1.3。

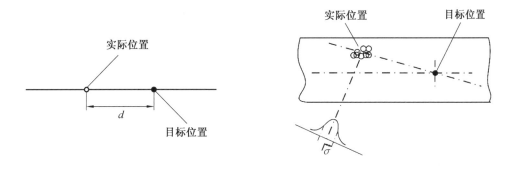

图 1.17　定位精度　　　　　　　　　　　图 1.18　重复定位精度

表 1.3　常见协作机器人的重复定位精度

品牌	ABB	FANUC	FAIR	KUKA
型号	YuMi	CR-35iA	FR5	LBR iiwa
实物图				
重复定位精度 /mm	±0.02	±0.04	±0.03	±0.1

1.5 智能协作机器人应用

随着工业的发展，多品种、小批量、定制化的工业生产方式成为趋势，对生产线的柔性提出了更高的要求。在自动化程度较高的行业，基本的模式为人与专机相互

※ 智能协作机器人参数及应用

配合，机器人主要完成识别、判断、上下料、插拔、打磨、喷涂、点胶、焊接等需要一定智能但又枯燥单调重复的工作，人成为进一步提升品质和提高效率的瓶颈。协作机器人由于具有良好的安全性和一定的智能性，可以很好地替代操作工人，形成"协作机器人加专机"的生产模式，从而实现工位自动化。

由于协作机器人固有的安全性，如力反馈和碰撞检测等功能，人与协作机器人并肩合作的安全性将得以保证，因此法奥机器人被广泛应用于 3C 行业、制造、物流、汽车、食品、药品等行业。

机器人将对我们的社会产生巨大影响，尤其是在劳动密集型行业。创新且具有成本效益的机器人解决方案也将有助于协同我们在制造、物流和医疗保健方面的核心业务。在新时代，人类和机器人将携手合作，为我们的企业和社会创造共享价值。

1. 3C 行业

法奥协作机器人通过使用机器人执行需要非常接近敏感机械的复杂性作业，从而降低员工受伤风险，同时增加精确度。其无需任何手动操作即可从生产线上取下产品，亦不会对产品造成污染。机器人自动化对于中小型企业而言也已经成为价格实惠的选择。图 1.19 为 3C 上下料、检测。

图 1.19　3C 上下料、检测

2. 物流

法奥协作机器人可简化物料搬运、包装、堆垛、拣选、贴标签和装箱操作。轻量化协作式机械臂可实现自动化的物料搬运流程，从而将工人从重复繁重的工作中解放出来。自动化流程不仅能够降低新产品包装成本，缩短产品生命周期，还能缓解劳动力短缺问题，让物流行业轻松应对季节性高峰。

3. 食品药品

在食品、药品企业的繁忙时期，法奥协作机器人可以 24 h 运转，为企业提供不间断的生产力。它们可以在各种作业和应用中按需要和频繁度进行部署和重新编程，也可以在生产中帮助减少员工因重复性作业而受伤的风险。重型包装作业不再成为员工或职员的挑战，因为机器人插电即用，随时可投入工作，无须休息。

4. 焊接应用

法奥协作机器人的焊接质量稳定，可保证焊缝的均一性。采用机器人焊接时每条焊缝的焊接参数恒定，焊缝质量受人为因素影响较小。

焊接机器人一天可 24 h 连续生产，随着焊接技术的发展与应用，使用机器人焊接，效率提高得更加明显。图 1.20 为机器人焊接应用。

图 1.20 机器人焊接应用

第 2 章　智能协作机器人认知

2.1　安全操作注意事项

机器人在空间运动时，有可能会发生意外事故。为确保

安全，在操作机器人时，须注意以下事项：

※ 法奥机器人介绍

（1）务必按照产品用户手册中的要求和规范安装机器人以及所有的电气设备。

（2）确保机器人的手臂有足够的空间实现自由运动。

（3）确保已按照风险评估中的要求来设置安全措施或机器人安全配置参数，以此来保护程序员、操作员和旁观者的安全。

（4）首次启动系统和设备前，必须检查设备和系统是否完整，操作是否安全，是否检测到有任何损坏，所有连接的安全输入和输出（包括多台机器或机器人共有的设备）是否功能正常；测试紧急停止按钮和输入是否可以停止机器人并启动刹车；测试防护输入是否可以停止机器人的运动，如果配置了防护重置，请在恢复运动之前检查是否需要激活；测试 3 挡位使动装置是否必须按下才能在手动模式下启动动作，并且机器人处于减速控制下（机器人软件版本 V3.0 前不支持该功能），系统紧急停止输出是否能够将整个系统带到安全状态。

（5）用户必须检查并确保所有的安全参数和用户程序是正确的，并且所有的安全功能工作正常。需要具有操作机器人资格的人员来检查每个安全功能。只有通过全面且仔细的安全测试且达到安全级别后才能启动机器人。

（6）在按下示教器的点动键之前，需考虑到机器人的运动轨迹。

（7）当机器人静止时，不要默认为机器人没有移动其程序就已完成，因为这时机器人极有可能是在等待让它继续移动的输入信号。

（8）操作人员需要知道全部会影响机器人移动的开关、传感器和控制信号的位置和状态。

（9）在机器人发生意外或运行不正常等情况下，可以按下紧急停止按钮，立即停止机器人运动。

（10）不要进入机器人的安全范围，也不要在系统运转时触碰机器人。

（11）安装机器人避免设备在电流不稳定的条件下工作，保证周围运行环境无腐蚀性

气体，无液体，无爆炸性气体，无油污，无盐雾，无尘埃或金属粉末，无放射性材料，无电磁噪声，无易燃物品。

（12）由于机器人和控制箱在运行的过程中会产生热量，在其正在工作或刚停止工作时，请不要触摸机器人。

2.2　法奥机器人简介

法奥机器人能够实现自动化，更高效、便携、适用、优质，因此它具有以下几个特点。机器人基本参数见表 2.1。

（1）易操作：零力示教，有效地降低了调试时间和学习成本。便携式 PC，友好型人机操作界面让机器人更易使用，并且可以在没有防护栏的情况下与人近距离工作。

（2）模块化：减速机、电机、编码器以及驱动控制一体化集成，便于快速拆装。用户可手动拖拽机械臂设置自动运行轨迹进行编程，不需要复杂编程环境。

（3）协同操作：具有碰撞检测功能，允许自定义碰撞等级。

表 2.1　机器人基本参数

名称	FR5
负载/kg	5
最大工作范围/mm	922
自由度	6 个旋转自由度
重复定位精度/mm	±0.03
关节工作范围 软件限位极限	1 轴：+175，−175； 2 轴：+85，　−265； 3 轴：+160，−160； 4 轴：+85，　−265； 5 轴：+175，−175； 6 轴：+175，−175
关节最快速度/[(°)·s⁻¹]	±180
防护等级	IP54
噪声/dB	<65
安装方向	任何方向
输入输出	电源（24 V/1.5 A）、数字 IO、模拟 I/O、485 通信
使用温度/℃	0～45
整机质量/kg	约 20.6
设备存放环境温度/℃	−10～60（无结霜）
平均故障修复时间/h	2

2.3　机器人系统组成

机器人一般由 3 个部分组成，包括机器人本体、控制器、示教器与按钮盒。

本书以法奥典型产品 FR5 机器人为例，进行相关介绍和应用分析。其组成结构如图 2.1 所示。

✳ 机器人系统组成

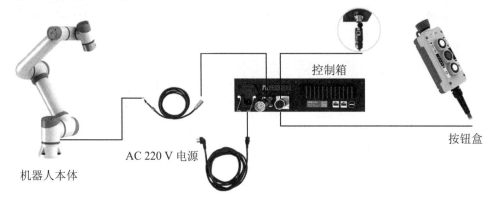

图 2.1　FR5 机器人组成结构图

2.3.1　机器人本体

机器人本体又称操作机，是机器人的机械主体，是用来完成规定任务的执行机构。机器人本体模仿人的手臂，共有 6 个旋转关节，每个关节表示一个自由度。对于六轴机器人而言，主要包括基座：J1（±179）、肩部：J2（+89，−269）、肘部：J3（±162）、腕部 1：J4（+89，269）、腕部 2：J5（±179）和腕部 3：J6（±179）。基座用于机器人本体和底座连接，工具端用于机器人与工具连接。肩部和肘部之间以及肘部和腕部之间采用臂管连接。通过示教器操作界面或拖动示教，用户可以控制各个关节转动，使机器人末端工具移动到不同的位姿。图 2.2 所示为机器人机械限位。

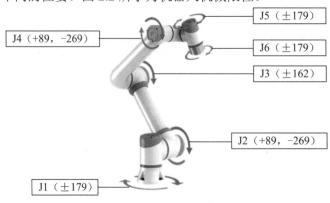

图 2.2　机器人机械限位

2.3.2　控制器

本系列控制器的面板和接口主要包括电源接头、按钮盒航空插头和本体重载连接口。本系列机械手控制系统的外部连线均使用可插拔、可快速安装的插头进行连接，控制箱接线面板如图 2.3 所示。

（1）确保控制箱在电源按钮关闭的情况下（按钮打到 0）将 220 V 电源线接到电源插口（满载输入电压为 6 A/230 VAC～7 A/210 VAC）。

（2）将机器人本体重载线缆连接到控制箱重载接口。

（3）将按钮盒航空插头插到控制箱示教器接口。

（4）控制箱两侧散热口的间隔距离不少于 15 cm。

（5）控制箱正面（用户钣金，开关电源键、重载与示教器线束）处，间隔距离不少于 25 cm。

（6）控制箱距离地面 0.6～2.5 cm。

（7）不允许用户自行更换电源线缆。

电源接头

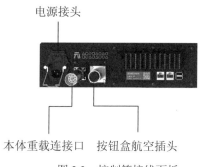

本体重载连接口　按钮盒航空插头

图 2.3　控制箱接线面板

2.3.3　示教器与按钮盒

示教器是机器人的人机交互接口，给用户提供了一个可视化的操作界面。用户不仅可以通过示教器对机器人进行测试、编写程序、设定、仿真，而且用户只需具备少量的编程基础就可对机器人进行操作，操作机器人本体和控制柜、执行和创建机器人程序、读取机器人日志信息。FR5 机器人的按钮盒主要由 1 个急停开关、1 个 Type-c 接口和 3 个按键构成，按钮盒如图 2.4 所示。示教器各个结构的具体功能如下。

急停开关　　　　　　　　　　按键 1
　　　　　　　　　　　　　　按键 2
　　　　　　　　　　　　　　按键 3

Type-c 接口

图 2.4　按钮盒

（1）急停开关：当按下急停开关，机器人进入紧急停止状态。

（2）Type-c 接口：连接触屏版示教器的端口。

（3）按键1：短按【自动/手动】模式切换，长按【进入/退出】拖动模式。

（4）按键2：短按记录示教点，长按【进入/退出】不搭配示教器状态。

（5）按键3：短按【开始/停止】运行程序。

2.4　机器人组装

2.4.1　首次组装机器人

FR5 机器人的完整装箱如图 2.5 所示。

❋　机器人组装

图 2.5　FR5 机器人的完整装箱图

1. 拆箱

拆箱时要通过专业的拆卸工具打开箱子，并确认装箱清单，配件如图 2.6 所示。

（a）机器人本体　　　　　　（b）控制器　　　　　　（c）按钮盒

图 2.6　配件图

2. 机器人安装

（1）安装机器人手臂和控制箱。

开箱取出机器人手臂，使用 4 颗强度不低于 8.8 级的 M8 螺栓安装机器人手臂。螺栓必须使用 20 N·m 的扭矩拧紧。

使用预留的两个 ϕ8 销孔准确地重新定位机器人手臂。

注意：可以采购精确的基座作为附件使用。图 2.7 显示了销孔位置和螺丝安装位置。

将机器人安装在一个坚固、无震动的表面，该表面应当承受至少 10 倍的基座关节的完全扭转力，以及至少 5 倍的机器人手臂的重量。如果机器人安装在线性轴上或是活动的平台上，则活动性安装基座的加速度非常低，增加速度会导致机器人发生安全停机。

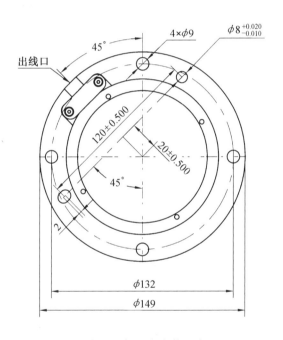

图 2.7　机器人安装尺寸

（2）工具末端安装。

机器人工具法兰有 4 个 M6 螺纹孔，用于将工具连接到机器人。M6 螺栓必须使用 4 N·m 的扭矩拧紧，其强度等级不低于 4.4 级。为了准确地重新定位工具，请在预留的 ϕ6 销孔中使用销钉。机器人末端法兰尺寸如图 2.8 所示。

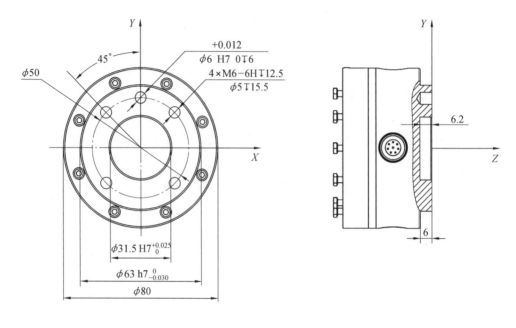

图 2.8　机器人末端法兰尺寸

2.4.2　电缆线连接

系统内部的电缆线连接主要包括机器人本体与控制器、按钮盒与控制器、电源与控制器的连接。必须将这些电缆线连接完成后，才可以实现机器人的基本运动。

1. 机器人本体与控制器的连接

机器人本体与控制器连接的电缆线是黑色线，线缆一端从机器人底座引出，另一端插头连接到控制器对应插口上，注意插入方向，插紧后再将插口上方的扣紧环扳下来扣紧。机器人本体与控制器连接如图 2.9 所示。

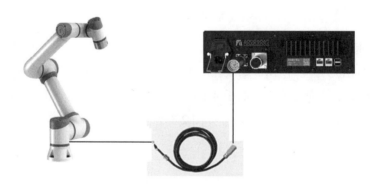

图 2.9　机器人本体与控制器连接示意图

2. 按钮盒与控制器的连接

按钮盒与控制器连接的电缆线是红色线，线缆一端从按钮盒的底部引出，另一端通过按钮盒航空插头连接到控制器对应的插口上。先将控制器接口上的防尘帽从插座上拧下来，再把直管圆形航空插头插到控制柜上，注意插入方向。按钮盒与控制器连接如图 2.10 所示。

图 2.10　按钮盒与控制器连接图

3. 电源与控制器的连接

外部电源电缆与控制柜连接的一端是品字插头。当电源与控制器连接时，将电源线品字插头连接到控制柜电源接口处，如图 2.11 所示。

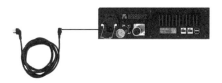

图 2.11　电源与控制器连接图

4. 电源、机器人本体、按钮盒与控制器的整体连接

电源、机器人本体、按钮盒与控制器连接完成后，整体的电缆连接如图 2.12 所示。

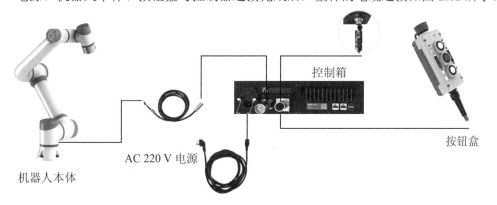

控制箱

按钮盒

AC 220 V 电源

机器人本体

图 2.12　整体的电缆连接示意图

2.4.3　启动机器人

本书涉及的机器人本体和控制器安装在工业机器人技能考核实训台（KE 版）上，如图 2.13 所示。安装好机器人本体、控制器和按钮盒，连接相关电缆，开启系统电源后可启动机器人。

图 2.13　工业机器人技能考核实训台（FR5）

启动机器人之前必须保证机器人周边无障碍物，操作人员处于安全位置。启动机器人如图 2.14 所示。

图 2.14　启动机器人

1. 计算机 IP 设置步骤

为了使计算机和网络能够连接成功，需要对计算机的 IP 进行设置，具体连接细节的操作步骤见表 2.2。

表 2.2　计算机的 IP 设置

序号	图片示例	操作步骤
1		通信网线需要插在"示教器网口"对应的位置，将原有网线拔出，插入新的通信网线
2		①把控制器的后盖打开； ②确保控制箱在电源按钮关闭的情况下（按钮打到 0）将 220 V 电源线接到电源插口； ③将机器人本体重载线缆连接到控制箱重载接口； ④将按钮盒航空插头插到控制箱示教器接口； ⑤按下控制器的电源按钮开启控制器
3		点击"控制面板"→"网络和 Internet"→"网络和共享中心"

续表 2.2

序号	图片示例	操作步骤
4	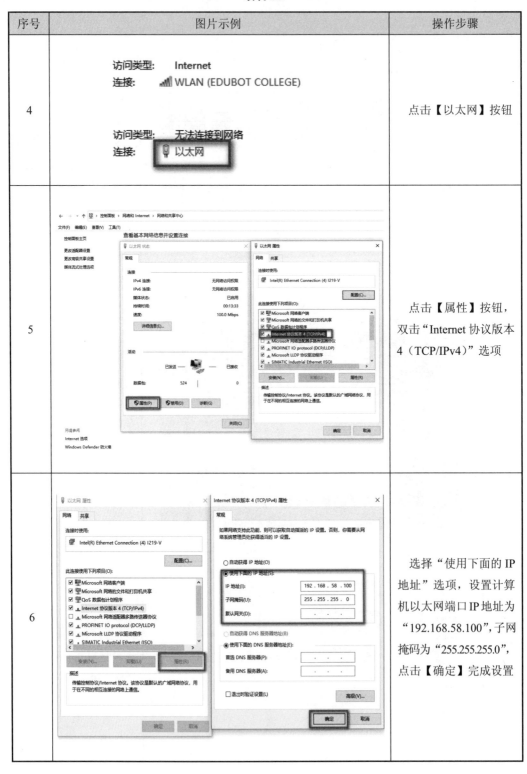	点击【以太网】按钮
5		点击【属性】按钮，双击"Internet 协议版本 4（TCP/IPv4）"选项
6		选择"使用下面的 IP 地址"选项，设置计算机以太网端口 IP 地址为"192.168.58.100"，子网掩码为"255.255.255.0"，点击【确定】完成设置

24

2. 网络连接至计算机

网络连接至计算机具体的步骤见表 2.3。

表 2.3　网络连接至计算机

序号	图片示例	操作步骤
1		网页登录，建议使用谷歌浏览器，输入访问地址"192.168.58.2"
2		输入用户名"programmer"密码"123"，点击【登录】即可
3		显示网络连接成功后登录的界面

2.4.4 按钮盒控制机器人运动

操作人员在操作按钮盒时，出现以下功能以及末端 LED 显示不同的颜色。末端 LED 定义见表 2.4。

表 2.4 末端 LED 定义

功能	LED 颜色
通信未建立时	灭、红、绿、蓝色交替
自动模式	蓝色长亮
手动模式	绿色长亮
拖动模式	白青色长亮
按钮盒记录点（仅在使用按钮盒时）	紫色闪烁两下
进入未搭配按钮盒状态（仅在使用按钮盒时）	青蓝色闪烁两下
开始运行（仅在使用按钮盒时）	黄色闪烁两下
停止运行（仅在使用按钮盒时）	红色闪烁两下
报错（仅在使用按钮盒时）	红色长亮

1. 未搭配示教器

（1）打开机器人控制箱电源开关，启动机器人，待末端 LED 绿色长亮后，方可操作机器人，如图 2.15 所示。

图 2.15 末端 LED 绿色示意图

（2）长按按钮盒【按键 2】，进入未搭配示教器模式，末端 LED 青蓝色闪烁三下，如图 2.16 所示。

图 2.16　末端 LED 青蓝色示意图

（3）长按按钮盒【按键 1】，切换机器人到拖动模式，此时末端 LED 为白青色，如图 2.17 所示；移动机器人至任意位置，长按【按键 1】，退出拖动模式，短按按钮盒【按键 2】记录 P1 点，末端 LED 紫色闪烁三下，如图 2.18 所示。

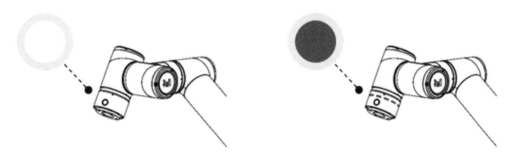

图 2.17　末端 LED 白青色示意图　　　　　　　图 2.18　末端 LED 紫色示意图

（4）移动机器人，短按按钮盒【按键 2】，记录 P2 点，末端 LED 紫色闪烁三下，如图 2.19 所示。

图 2.19　末端 LED 紫色示意图

（5）长按按钮盒【按键 1】，退出拖动模式，此时为手动模式，末端 LED 为绿色，如图 2.20 所示；短按【按键 1】，切换机器人到自动模式，此时末端 LED 为蓝色，如图 2.21 所示。

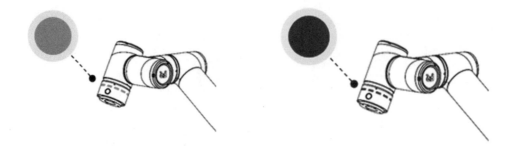

图 2.20　末端 LED 绿色示意图　　　　　　图 2.21　末端 LED 蓝色示意图

（6）短按按钮盒【按键 3】，运行该程序，末端 LED 黄色闪烁三下，如图 2.22 所示。

图 2.22　末端 LED 黄色示意图

（7）短按按钮盒【按键 3】，停止运行该程序，末端 LED 红色闪烁三下，如图 2.23 所示。

图 2.23　末端 LED 红色示意图

2. 搭配示教器

（1）启动机器人，待末端 LED 绿色停止闪烁，方可操作机器人，如图 2.24 所示。

图 2.24　末端 LED 绿色示意图

（2）打开示教器进入程序编辑界面。

（3）选择空白模板，新建一个程序文件。

（4）短按按钮盒【按键 1】，切换机器人到手动模式，此时末端 LED 为绿色，如图 2.25 所示。

图 2.25　末端 LED 绿色示意图

（5）长按按钮盒【按键 1】，切换机器人到拖动模式，此时末端 LED 为白青色，移动机器人至任意位置；短按按钮盒【按键 2】，记录 P1 点，末端 LED 紫色闪烁三下，手动添加"PTP:P1"指令到程序文件中，如图 2.26 所示。

图 2.26　记录并添加点 P1

（6）移动机器人，短按按钮盒【按键 2】，记录 P2 点，末端 LED 紫色闪烁三下，手动添加"PTP:P2"指令到程序文件中，如图 2.27 所示。

图 2.27　记录并添加点 P2

（7）保存程序文件内容。

（8）长按按钮盒【按键 1】，退出拖动模式，进入为手动模式，末端 LED 为绿色，如图 2.28 所示；短按按钮盒【按键 1】，切换机器人到自动模式，此时末端 LED 为蓝色，如图 2.29 所示。

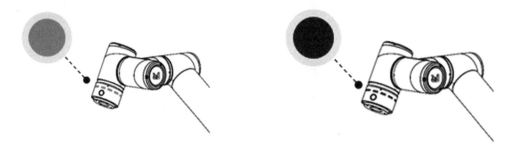

图 2.28　末端 LED 绿色示意图　　　　　　　图 2.29　末端 LED 蓝色示意图

（9）短按按钮盒【按键 3】运行该程序，末端 LED 黄色闪烁三下，如图 2.30 所示。

图 2.30　末端 LED 黄色示意图

2.4.5　示教器控制机器人运动

点击示教器左侧一级菜单中的【示教模拟】，点击其子菜单【程序示教】进入程序示教界面，该界面主要实现机器人示教程序的编写及修改。

点击【新建】图标按钮后，用户命名该文件，并选择一个模板作为该新建文件的内容，点击【新建】即可创建成功并打开该程序文件。示教程序运行如图 2.31 所示。

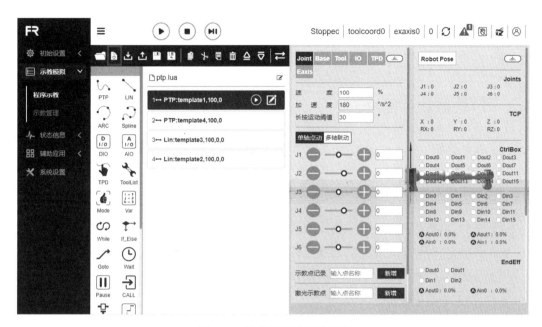

图 2.31　示教程序运行示意图

第 3 章　示教器认知

3.1　示教器软件简介

3.1.1　软件介绍

✵　示教器软件简介

示教器软件是针对机器人开发的配套软件，适用于示教器操作系统中，其主要功能和特点如下：

（1）能够对机器人进行示教程序的编写。

（2）能够实时显示机器人的位置坐标，并且能控制机器人的运动轨迹。

（3）能够实现对机器人的单轴点动以及各轴联动操作。

（4）能够查看控制 I/O 状态。

（5）用户可以修改密码，查看系统状态信息等。

3.1.2　启动软件

启动软件的操作步骤如下：

（1）控制箱上电。

（2）示教器打开谷歌（Chrome）浏览器，访问目标网址 192.168.58.2。

（3）输入用户名和密码，点击【登录】即可登录系统。

3.1.3　用户登录及权限管理

用户账号主要分为 3 个等级，需要选择初始用户账号并输入密码才能登录。通常情况下，采用 programmer（程序员）用户账号。用户名称分类见表 3.1。用户登录界面如图 3.1 所示。

表 3.1　用户名称分类

序号	初始用户账号	密码	权限限制
1	operator（操作员）	123	部分功能无权限使用
2	admin（管理员）	123	无功能限制
3	programmer（程序员）	123	除账户管理、手动高速、软限位设置外，可使用所有功能

图 3.1 用户登录界面

登录成功后，系统会加载模型等数据，加载完毕后进入初始界面。

3.2 系统初始界面

登录成功后，系统进入"初始界面"。初始界面展示了示教器 8 个区域，主要包含法奥 LOGO 与返回初始页面按钮、菜单栏、菜单栏缩放按钮、操作区、控制区、状态区、三维机器人区和位姿及 I/O 区。系统初始界面如图 3.2 所示。

注：三维模拟机器人该功能目前未启用，本书不进行介绍。

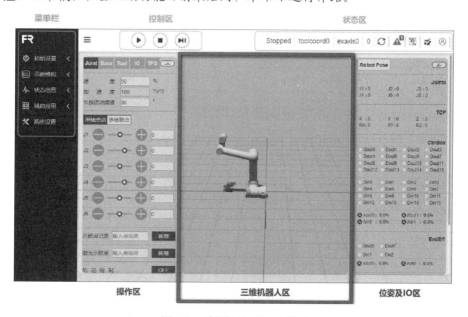

图 3.2 系统初始界面示意图

3.2.1 控制区

控制区的按钮见表 3.2。

表 3.2 控制区的按钮

按钮	功能
▶	开始按钮：上传并开始运行示教程序
■	停止按钮：停止当前示教程序运行
▶❘	暂停/恢复按钮：暂停/恢复当前示教程序

3.2.2 菜单栏

示教器的菜单栏见表 3.3。

表 3.3 示教器菜单栏

一级	二级
初始设置	机器人设置
	用户外设配置
示教模拟	程序示教
	示教管理
状态信息	系统日志
	状态查询
辅助应用	机器人本体
	焊接专家库
系统设置	—

3.2.3 状态区

状态区的按钮见表 3.4。

表 3.4　状态区的按钮

按钮	名称	功能
Running	机器人状态	Stopped　停止 Running　运行 Pause　暂停 Drag　拖动
Toolcoord1	Toolcoord1	当前应用 1 号工具坐标系
Wobj1	Wobj1	当前应用 1 号工件坐标系
0%	运行速度百分比	机器人当前模式运行时速度
⚠	机器人运行正常状态	当前机器人正常运行
⚠¹	机器人运行错误状态	当前机器人运行有错误
⟳	自动模式	机器人自动运行模式
👆	示教模式	机器人示教运行模式
✋	机器人拖动状态	当前机器人可拖动
✋	机器人拖动状态	当前机器人不可拖动
🤖	连接状态	机器人已连接
🤖	未连接状态	机器人未连接
👤	账户信息	显示用户名和权限及登录/退出账户

3.3　机器人坐标设置

坐标系是为了确定机器人的位置和姿态而在机器人或空间上进行定义的位置指标系统。

❈　机器人坐标设置

3.3.1　工具坐标

在"初始设置"中的"机器人设置"的菜单栏下，点击【工具坐标】进入工具坐标界面。工具坐标可实现工具坐标的修改、清空与应用。工具坐标系的下拉列表中共有 15 个编号，选择对应的坐标系（toolcoord0～toolcoord14）后会在下方显示对应坐标名称，选择某一坐标系后点击【应用】按钮，当前使用的工具坐标系变为所选择的坐标。其中 toolcoord0 是基坐标系不可修改。工具坐标系设置如图 3.3 所示。

图 3.3　工具坐标系设置

点击【修改】可根据提示对该编号的工具坐标系进行重新设置。选择工具类型" "、"工具"或"传感器"。一般情况下工具类型选择"工具"。工具类型如图 3.4 所示。

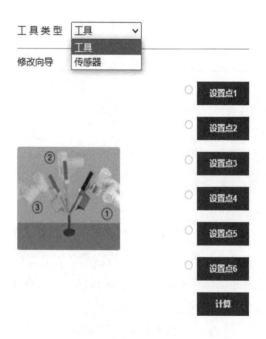

图 3.4　工具类型

利用六点法介绍工具坐标系建立的操作步骤，见表 3.5。

表 3.5　工具坐标系建立步骤

序号	图片示例	操作步骤
1		在机器人空间选择一个固定的点，将工具以三个不同姿态移至固定点，依次设置 1~3 点

续表 3.5

序号	图片示例	操作步骤
2	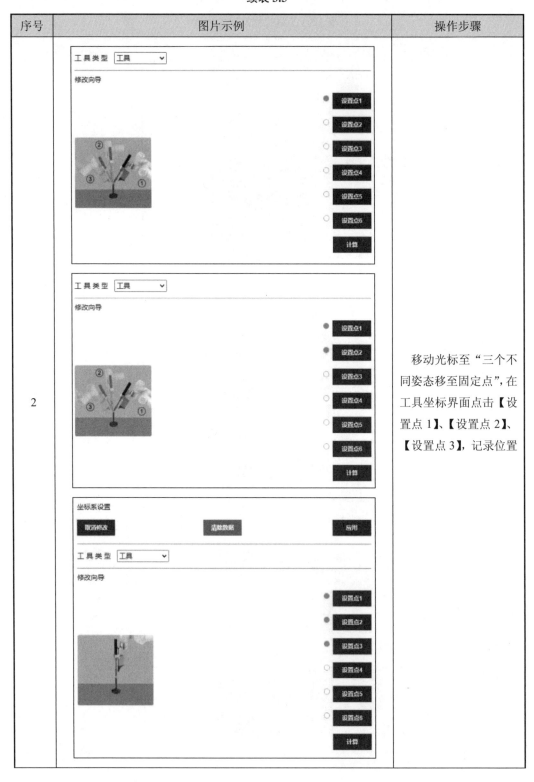	移动光标至"三个不同姿态移至固定点"，在工具坐标界面点击【设置点 1】、【设置点 2】、【设置点 3】，记录位置

38

续表 3.5

序号	图片示例	操作步骤
3		将工具垂直移至固定点设置点 4
4	工具类型　工具　∨ 修改向导 设置点1 设置点2 设置点3 设置点4 设置点5 设置点6 计算	将光标移至"垂直移至固定点",在工具坐标界面点击【设置点 4】,记录位置
5		保持该姿态不变,利用基坐标移动,在水平方向移动一段距离,设置点 5,该方向即设定的工具坐标系 X 轴方向

续表3.5

序号	图片示例	操作步骤
6	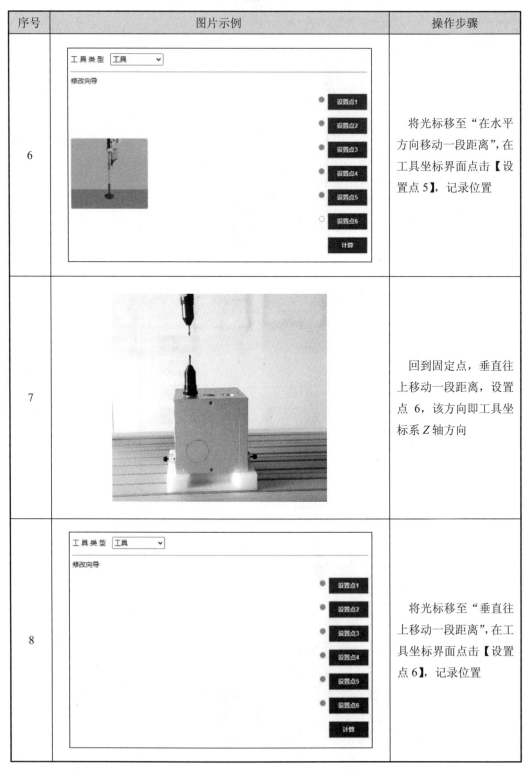	将光标移至"在水平方向移动一段距离"，在工具坐标界面点击【设置点5】，记录位置
7		回到固定点，垂直往上移动一段距离，设置点6，该方向即工具坐标系Z轴方向
8		将光标移至"垂直往上移动一段距离"，在工具坐标界面点击【设置点6】，记录位置

点击【计算】按钮，计算工具位姿，点击【添加】、【应用】即可存储刚才建立的工具坐标系。若需重新设置，点击【取消修改】按钮重新进行新建工具坐标系步骤。工具坐标系建立完成如图 3.5 所示。

图 3.5　工具坐标系建立完成

3.3.2　工件坐标

在"初始设置"中"机器人设置"的菜单栏下，点击【工件坐标】进入工件坐标界面。工件坐标可实现工件坐标的修改、清空与应用。工件坐标系的下拉列表中共有 15 个编号，选择对应的坐标系（wobjcoord0～wobjcoord14）后会在下方显示对应的坐标名称，选择某一坐标系后点击【应用】按钮，当前使用的工件坐标系变为所选择的坐标。其中 wobjcoord0 是基坐标系，不可修改。工件坐标系设置如图 3.6 所示。

图 3.6　工件坐标系设置

点击【修改】可根据提示对该编号的工件坐标系进行重新设置。固定好工件，选择标定方法"原点-X 轴-Z 轴"或"原点-X 轴-XY+平面"。一般情况下标定方法选择"原点-X 轴-XY+平面"。标定方法如图 3.7 所示。

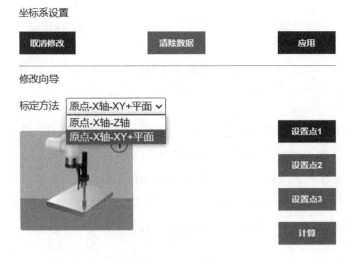

图 3.7　标定方法

利用三点法介绍工件坐标系建立的操作步骤，见表 3.6。

表 3.6　工件坐标系"原点-X 轴-XY+平面"建立的操作步骤

序号	图片示例	操作步骤
1		将机器人移动到工件表面一个合适的位置，建立坐标原点
2	修改向导 标定方法　[原点-X轴-XY+平面 ∨] 设置点1　设置点2　设置点3　计算	移动光标至"坐标原点"，在工件坐标界面点击【设置点 1】，记录位置
3		示教机器人沿期望工件坐标系的+X 方向至少移动 50 mm

43

续表 3.6

序号	图片示例	操作步骤
4	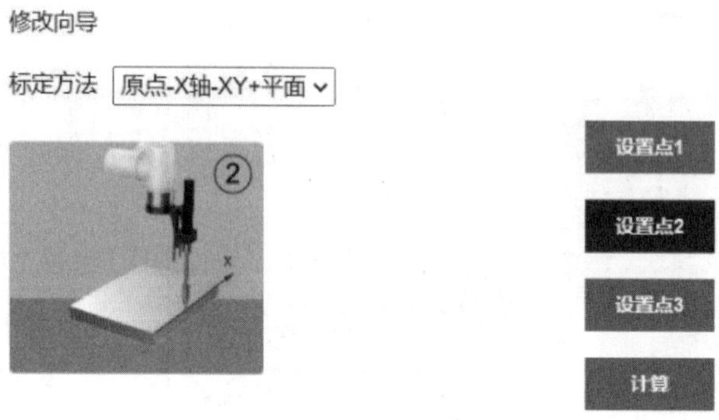 修改向导 标定方法 原点-X轴-XY+平面 ∨ ② 设置点1 设置点2 设置点3 计算	将光标移至"X 方向"，在工件坐标界面点击【设置点 2】，记录位置
5		机器人沿期望工件坐标系的"XY+平面"上的一点进行示教
6	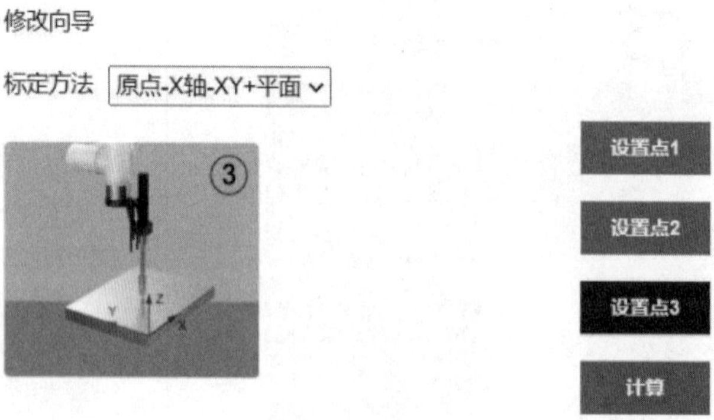 修改向导 标定方法 原点-X轴-XY+平面 ∨ ③ 设置点1 设置点2 设置点3 计算	将光标移至"XY+平面"上的一点，在工件坐标界面点击【设置点 3】，记录位置

44

点击【计算】按钮计算工件位姿，若需重新设置，点击【取消修改】按钮重新进行新建工件坐标系步骤。完成最后步骤后，点击【完成】可返回工件坐标界面，点击【保存】即可存储刚才建立的工件坐标系。工件坐标系"原点-X 轴-XY+平面"的建立完成如图 3.8 所示。

图 3.8　工件坐标系"原点-X 轴-XY+平面"的建立完成

3.3.3　安全配置

在"初始设置"中"机器人设置"的菜单栏下，点击以下各部分进入界面。安全配置见表 3.7。

表 3.7　安全配置

名称	图片示例	操作步骤
碰撞等级		碰撞等级可分为一级、二级和三级三部分，设定碰撞一级时，机器人对碰撞检测较为敏感。其碰撞检测的灵敏度可在用户配置文件中设置，用户可以根据具体使用需求来设定碰撞等级

续表 3.7

名称	图片示例	操作步骤
软限位	**机器人软限位设置** 　　Min　　Max J1　-175　　175 J2　-265　　85 J3　-160　　160 J4　-265　　85 J5　-175　　175 J6　-175　　175 应用	管理员可使用默认值，也可输入角度值。输入角度值时，可分别对机器人关节正负角度进行限位，当输入值超出机器人关节软限位角度值时，限位角度将会调整为所能设定的最大值。当机器人报出超出指令超限时，需要进入拖动模式，将机器人关节拖动至限位角度之内
速度缩放	**速度缩放设置** 速度缩放　20　　% 应用	该功能是设置手动/自动下机器人运行的速度，若当前为自动运行模式，则设置的速度为机器人自动运行速度；若当前为手动运行模式，则设置的速度为机器人手动运行速度。设置的数值为机器人标准速度百分比，速度设置成功后，相应的速度状态栏会更改为设置的数值，速度值设置的范围为 0～100

续表 3.7

名称	图片示例	操作步骤
摩擦力补偿	**摩擦力补偿系数** 安 装 方 式　水平安装 ⌄ J1　0.500　　J2　0.500　　J3　0.500 J4　0.500　　J5　0.500　　J6　0.500 应用 摩擦力补偿开关　开启　⌄ 应用	摩擦力补偿系数：摩擦力补偿所针对的使用场景仅在拖动模式下，摩擦力补偿系数可设置的范围为 0～1，数值越大，拖动时补偿的力就越大。摩擦力补偿系数根据安装方式的不同需要单独设置每个轴的补偿系数 摩擦力补偿开关：用户可根据机器人实际情况及使用习惯开启或关闭摩擦力补偿
末端负载	**负载重量设置** 负载重量　0.00　　　kg 应用 **负载质心坐标设置** X　0.000　　Y　0.000　　Z　0.000 *质心坐标输入范围-1000～1000，单位mm 应用 **负载自动辨识** *请确认负载已安装，机器人各关节处于合适位置 工具数据测定 **负载自动辨识** *请确认负载已安装，机器人各关节处于合适位置 停止运动　　　　　　负载辨识启动 取消　　　　　　　　获取辨识结果	①用户可根据所使用工具的参数设定对应参数，负载重量为 0～5 kg，质心坐标的范围为 0～1 000 ②用户在工具质量或质心不确定的情况下，可以通过负载辨识功能对工具数据进行测定 在进行测定之前，确保负载已安装。点击【工具数据测定】按键，进入负载运动测试界面 ③点击【负载辨识启动】进行测试，如遇紧急情况，及时停止运动 ④运动结束后，点击【获取辨识结果】按键，获取计算出的工具数据，并显示在页面上，如需应用于负载数据中，点击【应用】即可

续表 3.7

名称	图片示例	操作步骤
机器人安装	**机器人安装方式设置** 安装方式 水平安装 ▼ 应用	机器人安装方式分为水平安装，侧面安装和倒挂安装，默认安装方式为水平安装。当机器人安装方式更改时，需及时在此页面设置机器人的实际安装方式，以保证机器人正常工作
配置导入导出	**配置导入导出** 导入机器人配置文件 选择文件 未选择任何文件 导入 导出机器人配置文件 导出	配置导入：用户导入文件名为 user.config 的机器人配置文件，该文件包含机器人设置功能中的各个参数。点击"选择文件"按钮，选中修改完且内容符合规范的配置文件，点击"导入"按钮，当出现导入完成的提示时，文件中的参数即被成功设置。 配置导出：点击"导出"按钮，即可将机器人配置文件 user.config 导出到本地

3.4 控制箱 I/O

3.4.1 RJ45 网络接口组

❋ 控制箱 I/O

控制箱内的网络接口组地址如图 3.9 所示，机器人默认端口禁止插拔。用户网口可用来与相机等设备通信，IP 地址为"192.168.57.2"。按钮盒接口默认为示教器控制端口，IP 地址为"192.168.58.2"，使用网线连接按钮盒接口与计算机，计算机 IP 地址设为"192.168.58.10"或与之同一网段，打开谷歌浏览器输入"192.168.58.2"即可访问示教器页面。

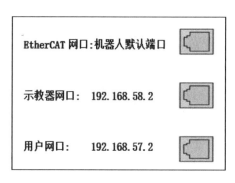

图 3.9 RJ45 网络接口组地址示意图

3.4.2 I/O 设置

点击操作区【IO】按钮可进入 I/O 设置界面，该界面中可实现对机器人控制器中数字输出、模拟输出（0～10 V）和末端工具数字输出、模拟输出（0～10 V）进行手动控制，如图 3.10 所示。

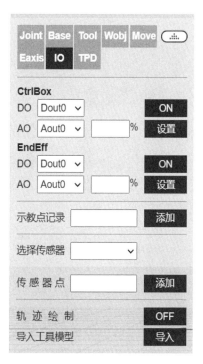

图 3.10 I/O 设置界面

（1）数字输出（DO）操作：在控制器（Ctrlbox）的下拉列表中共有 16 个端口号（Dout0～Dout15）可以选择，若该 DO 为低电平，则右侧操作按键显示【ON】，点击按键即设置该 DO 为高电平。

（2）模拟输出（AO）操作：在控制器（Ctrlbox）的下拉列表中共有 2 个端口号（Aout0～Aout1）可以选择，右侧输入框输入值范围为 0～100，该数值为百分比，设置 100 即表示设置该 AO 端口为 10 V。

（3）末端工具数字输出（DO）操作：在机器人末端工具（EndEff）的下拉列表中共有 2 个端口号（Dout0～Dout1）可以选择，若该 DO 为低电平，则右侧操作按键显示【ON】，点击按键即设置该 DO 为高电平。

（4）末端工具模拟输出（AO）操作：在机器人末端工具（EndEff）选择端口号 Aout0，右侧输入框输入值范围为 0～100，该数值为百分比，设置 100 即表示设置该 AO 端口为 10 V。

3.4.3　I/O 状态显示

状态显示区会显示当前 I/O 的状态，在数字输入与数字输出中，若该端口电平为高，则显示为绿色；若该端口电平为低，则显示为白色。模拟输入和模拟输出显示值范围为 0～100，100 即表示 10 V。状态显示界面如图 3.11 所示。

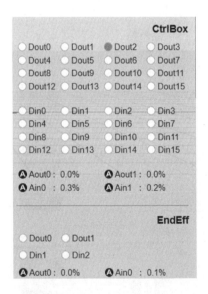

图 3.11　状态显示界面

3.4.4　I/O 配置

选择菜单栏"初始设置"中"机器人设置"，分别点击【DI 配置】和【DO 配置】子菜单进入 DI 和 DO 配置界面。控制箱 DI 配置如图 3.12 所示，控制箱 DO 配置如图 3.13 所示。输入 DI 与输出 DO 均为低电平有效。

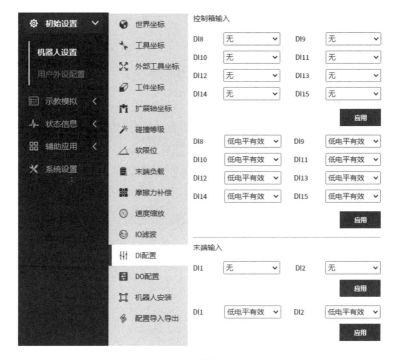

图 3.12 控制箱 DI 配置

图 3.13 控制箱 DO 配置

配置完成后，可在对应状态下的控制箱 I/O 界面中查看相应的输出 DO 状态。

注：已配置 DI、DO 不能出现于示教编程界面中。

3.5 基本操作

手动示教点控制区主要是在示教模式中对坐标系进行设定，并实时显示机器人各轴角度与坐标值，并可对示教点进行命名保存，如图 3.14 所示。

保存示教点时，该示教点的坐标系为当前机器人应用的坐标系。在该操作区上方可以对示教点速度、加速度进行设置，设置数值为机器人标准速度百分比，若设置 100，即表示标准速度的百分之百。

激光示教点指保存点的位置为激光识别到的点的位置。

注：第一次使用时，可设置 5 这样较小的速度值，先熟悉机器人的运动状态，以免发生意外情况。

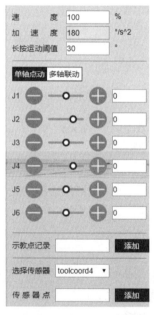

图 3.14　手动操作示意图

3.5.1　Joint 运动

Joint 运动下，中间的 6 个滑块条分别表示对应轴的角度，joint 运动分为单轴点动和多轴联动。

（1）单轴点动：用户可通过操作左右两边圆形按钮来控制机器人运动。在手动模式和关节坐标系下，对机器人某一关节进行转动操作。当机器人超出运动范围（软限位）而停止时，可以利用单轴点动进行手动操作，将机器人移出超限位置。单轴点动在进行粗略定位和较大幅度移动时，会比其他操作模式更快捷、更方便。Joint 单轴点动如图 3.15 所示。

设置"长按运动阈值"（长按按钮时，机器人运行的最大距离，输入值范围为 0～300 mm）参数，长按圆形按钮控制机器人运行，若在机器人运行中松开按钮，机器人会立即停止运动；若一直按住不松开按钮，机器人会运行长按运动阈值所设置的值后停止运动。

（2）多轴联动：用户可操作中间六个滑块来调整机器人相应的目标位置。当用户确定目标位置后，可点击【应用】按钮，实体机器人便会进行相应的运动。Joint 多轴联动如图 3.16 所示。

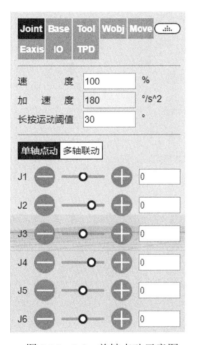

图 3.15　Joint 单轴点动示意图

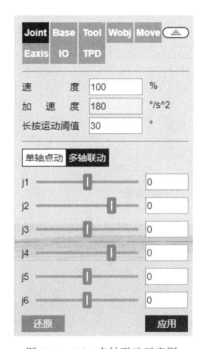

图 3.16　Joint 多轴联动示意图

3.5.2　Base 点动

在基坐标系下，用户可通过操作左右两边圆形按钮来控制机器人，在 X、Y、Z 轴方向直线移动或绕着 RX、RY、RZ 旋转，中间的 6 个滑块条分别表示在对应坐标轴上的位置与运动范围，如图 3.17 所示。

设置"长按运动阈值"（长按按钮时，机器人运行的最大距离，输入值范围为 0～300 mm）参数，长按圆形按钮控制机器人运行，若在机器人运行中松开按钮，机器人会立即停止运动；若一直按住不松开按钮，机器人会运行长按运动阈值所设置的值后停止运动。

注：可随时释放该按钮，使机器人停止运动。在必要情况下，按急停按钮使机器人停止运动。

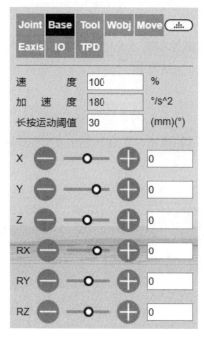

图 3.17　Base 点动示意图

3.5.3　Tool 点动

选择工具坐标系，用户可通过操作左右两边圆形按钮控制机器人，在 X、Y、Z 轴方向直线移动或绕着 RX、RY、RZ 旋转，中间的 6 个滑块条分别表示在对应坐标轴上的位置与运动范围，如图 3.18 所示。

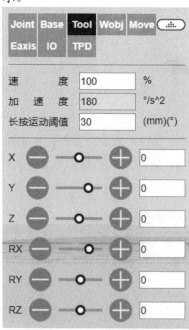

图 3.18　Tool 点动示意图

设置"长按运动阈值"（长按按钮时，机器人运行的最大距离，输入值范围为 0～300）参数，长按圆形按钮控制机器人运行，若在机器人运行中松开按钮，机器人会立即停止运动；若一直按住不松开按钮，机器人会运行长按运动阈值所设置的值后停止运动。

3.5.4　Wobj 点动

选择工件点动，用户可以操作左右两边圆形按钮控制机器人，在工件坐标系下，沿着 X、Y、Z 轴直线移动或绕着 RX、RY、RZ 旋转，中间的 6 个滑块条分别表示在对应坐标轴上的位置与运动范围，如图 3.19 所示。

设置"长按运动阈值"（长按按钮时，机器人运行的最大距离，输入值范围为 0～300）参数，长按圆形按钮控制机器人运行，若在机器人运行中松开按钮，机器人会立即停止运动；若一直按住不松开按钮，机器人会运行长按运动阈值所设置的值后停止运动。

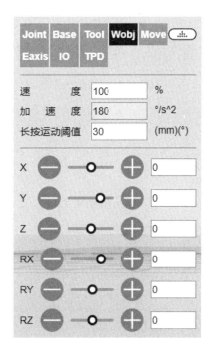

图 3.19　Wobj 点动示意图

3.5.5　Move 移动

选择 Move 移动，可以直接输入工具坐标值，点击【计算关节位置】，关节位置显示为计算后结果，确认无危险，可以点击【移至该点】控制机器人运动至输入的工具位姿，如图 3.20 所示。

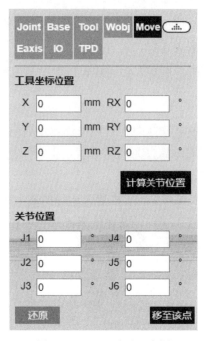

图 3.20　Move 移动示意图

3.5.6　TPD（示教编程）

1. TPD 功能

TPD 功能操作步骤如下：

（1）记录初始位置：进入操作区，记录机器人当前位置。在编辑框内设定点的名称，点击【保存】按钮，若保存成功，则提示"保存点成功"。

（2）配置轨迹记录参数：点击"TPD"，进入 TPD 功能项配置轨迹记录参数，设定轨迹文件的名称、位姿类型，其下拉列表中共有 4 个选项（"\""末端位姿""关节位姿""工具 TCF"）；设定采样周期，其下拉列表中共有 4 个选项（"1""2""4""8"），如图 3.21 所示。

（3）检查机器人模式：检查机器人模式是否处于手动模式下，若不处于则切换至手动模式。在手动模式下可通过两种方式切换到拖动示教模式，一种是长按末端按钮，一种是按界面拖动模式切换按键，在 TPD 记录时推荐从界面切换机器人进入拖动示教模式，如图 3.22 所示。

图 3.21　TPD 轨迹记录

Stopped | toolcoord4 | 50 | ⚠ | ⚙ | ✋ | 🚫 | ✂ | ⊘ programmer |

图 3.22　机器人模式

（4）开始记录：点击【开始记录】按钮，开始轨迹记录，拖动机器人进行动作示教。

（5）停止记录：动作示教完成后，点击【停止记录】按钮，停止轨迹记录，然后通过拖动示教切换按键使机器人退出拖动示教模式。示教器接收到"停止轨迹记录成功"即表示轨迹记录成功。

（6）示教编程：点击"新建"，选择空白模板，点击进入"PTP"功能编程项，选择刚保存的初始位置点，点击【添加】按钮，应用完成后，在程序文件中会显示一条 PTP指令；然后点击进入"TPD"功能编程项，选择刚刚记录的轨迹，设定是否平滑及速度缩放比例，点击【添加】按钮，应用完成后，在程序文件中会显示一条"Move TPD"指令，如图 3.23 所示。

（7）轨迹复现：示教程序编辑完成后，切换至自动运行模式，点击界面上方【开始运行】图标开始运行程序，机器人开始复现示教的动作。

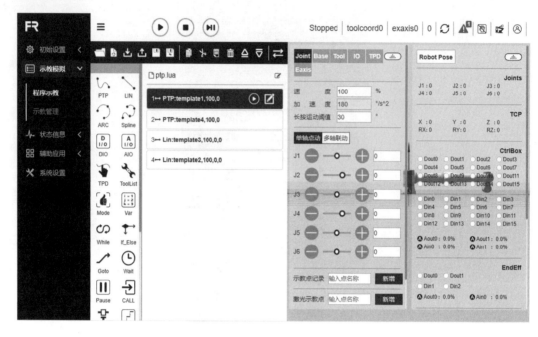

图 3.23　TPD 编程

2. TPD 文件删除

轨迹文件删除：点击进入 TPD 功能项，选择需要删除的轨迹文件，点击【删除轨迹】按钮，若删除成功，则会收到"删除成功"提示。

3. TPD 异常处理

指令点数超限：一条轨迹最多可记录 2 万个点数，当超过 2 万个点时，控制器不再记录超限的点数，并向示教器发出"指令点数超限"警告提示，此时需点击【停止记录】。

TPD 指令间隔过大：若示教器报错 TPD 指令间隔过大，则应检查机器人是否回到了记录前的初始位置，若机器人回到了初始位置依然报错 TPD 指令间隔过大，则删除当前轨迹重新记录一条新的轨迹。

TPD 操作过程中若出现其他异常情况，则应通过示教器或急停按钮立即停止机器人操作，检查原因。

3.6　机器人指令

机器人指令也称为命令，是为了机器人完成某些动作而设定的描述语句。程序是指示机器人操作的一系列指令。

在图 3.24 程序树界面中，点击左侧指令可以向程序树添加程序节点。

❋　机器人指令

程序运行时，当前执行的程序节点蓝色高亮显示。

在手动模式下，点击节点右侧第一个图标可以使机器人单独执行该指令，第二个图标为编辑该节点内容。

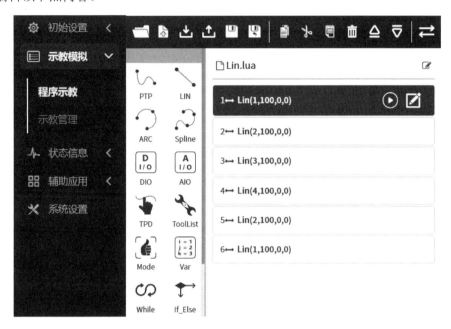

图 3.24　程序树界面

可使用程序树顶部的工具栏修改程序树，工具栏功能见表 3.8。

表 3.8　工具栏功能

图片说明	名称	功能
	打开	打开用户程序文件
	新建	选择模板，新建程序文件
	导入	导入文件到用户程序文件夹中
	导出	导出用户程序文件到本地点
	保存	保存文件编辑内容
	另存为	给文件重命名存放到用户程序或模板程序文件夹中

续表 3.8

图片说明	名称	功能
📋	复制	复制一个节点，并允许将其用于其他操作
📋	粘贴	允许粘贴之前剪切或复制的节点
✂	剪切	剪切一个节点，并允许将其用于其他操作
🗑	删除	从程序树中删除一个节点
△	上移	向上移动该节点
▽	下移	向下移动该节点
⇄	切换编辑模式	程序树模式和文本编辑模式互相切换

程序树界面左侧主要是程序指令的添加，点击各关键字上方图标可进入详细界面。程序指令添加到文件中的操作为打开相关指令，点击应用按键即可将该指令添加到程序中。

注：示教点需依次累加记录，无上限。这是因为之前保存的示教点在数据库中已存在，如需覆盖点击【覆盖】按钮，若不想覆盖，点击【取消】按钮并重新输入点名，如图 3.25 所示。

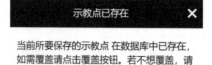

图 3.25　示教点已存在

3.6.1　PTP 指令

在"示教模拟"中的"程序示教"菜单栏下，点击【PTP】图标，进入 PTP 指令编辑界面。

　　PTP 指令可以选择需要到达的点,"调试速度"可设置范围为 0%～100%,"平滑过渡时间"可设置范围为 0～499 ms。可在该点位姿上进行是否偏移设置,选择偏移,会弹出 X、Y、Z、RX、RY、RZ 偏移量设置,PTP 具体路径为运动控制器自动规划的最优路径,点击【添加】、【应用】即可保存。PTP 指令界面如图 3.26 所示。

图 3.26　PTP 指令界面

3.6.2　LIN 指令

　　在"示教模拟"中的"程序示教"菜单栏下,点击【LIN】图标,进入 LIN 指令编辑界面。

　　LIN 指令可以选择需要到达的点,"调试速度"可设置范围为 0%～100%,"平滑过渡半径"可设置范围为 0～1 000 mm。可在该点位姿上进行是否偏移设置,选择偏移,会弹

出 X、Y、Z、RX、RY、RZ 偏移量设置，该指令所达到点的路径为直线。点击【添加】、【应用】即可保存。LIN 指令界面如图 3.27 所示。

图 3.27　LIN 指令界面

3.6.3　ARC 指令

在"示教模拟"中的"程序示教"菜单栏下，点击【ARC】图标，进入 ARC 指令编辑界面。

ARC 指令为圆弧运动，包含两个点，第一点为圆弧中间过渡点，点击【下一页】后，第二点为终点，调试速度可设置范围为 0%～100%，平滑过渡半径可设置范围为 0～1 000 mm。选择完毕后，点击【添加】、【应用】即可保存。ARC 指令界面如图 3.28 所示。

图 3.28　ARC 指令界面

3.6.4　Circle 指令

在"示教模拟"中的"程序示教"菜单栏下，点击【Circle】图标，进入 Circle 指令编辑界面。

Circle 指令为整圆运动，包含两个点，第一点为整圆中间过渡点 1，点击【下一页】后，第二点为整圆中间过渡点 2，调试速度可设置范围为 0%～100%，选择完毕后，点击【添加】、【应用】即可保存。Circle 指令界面如图 3.29 所示。

图 3.29　Circle 指令界面

3.6.5　I/O 指令

在"示教模拟"中的"程序示教"菜单栏下，点击"IO"图标，进入 IO 指令编辑界面。

此指令分为设置 IO（SetDO/SPLCSetDO）和获取 IO（GetDI/SPLC GetDI）两部分。

"SetDO/SPLCSetDO"指令包括 16 路控制箱数字输出（dout0～dout15）和 2 路工具数字输出（Tooldout0～ Tooldout1）；"状态"选项"False"为闭（表示为"0"），"True"为开（表示为"1"）；"是否阻塞"选项选择"阻塞"表示运动停止后设置 DO 状态，选择"非阻塞"表示在上一条运动过程中设置 DO 状态；"平滑轨迹"选项选择"Break"表示在平滑过渡半径结束后设置 DO 状态（表示为"0"），选择"Serious"表示在平滑过渡半径运动过程中设置 DO 状态（表示为"1"）。选择完毕后，点击【添加】、【应用】即可保存。SetDO 指令界面如图 3.30 所示。

注：非阻塞（SPLCSetDO）指令需与运动指令结合使用，单独执行无效果。

图 3.30 SetDO 指令界面

点击【下一页】后，"GetDI/SPLC GetDI"指令包括 16 路控制箱数字输入（dint0～dint 15）和 2 路工具数字输出（Tooldint 0～Toodint 1）；"是否阻塞"选项选择"阻塞"表示运动停止后设置 DI 状态，选择"非阻塞"选项表示在上一条运动过程中设置 DI 状态。选择完毕点，点击【添加】、【应用】即可保存。GetDI 指令界面如图 3.31 所示。

图 3.31 GetDI 指令界面

3. 6. 6 ToolList 指令

在"示教模拟"中的"程序示教"菜单栏下，点击【ToolList】图标，进入 ToolList 指令编辑界面。

此指令包括"工具坐标系名称"下拉列表中的 15 个编号，选择对应的坐标系（toolcoord0~ toolcoord14）后会在下方显示对应坐标名称，点击【添加】；"工件坐标系名称"的下拉列表中共有 15 个编号，选择对应的坐标系（wobjcoord0~ wobjcoord14）后会在下方显示对应的坐标名称，点击【添加】；最后点击【应用】即可保存，当程序运行此语句，会设定机器人的工具坐标系和工件坐标系。ToolList 指令界面如图 3.32 所示。

图 3.32　ToolList 指令界面

3.6.7　Mode 指令

在"示教模拟"中的"程序示教"菜单栏下，点击【Mode】图标，进入 Mode 指令编辑界面。

此指令可切换机器人到手动模式，点击【添加】、【应用】即可保存，以便用户在程序运行结束后，使机器人自动切换到手动模式，拖动机器人。Mode 指令界面如图 3.33 所示。

图 3.33　Mode 指令界面

3.6.8 While 指令

在"示教模拟"中的"程序示教"菜单栏下，点击【While】图标，进入 While 指令编辑界面。

此指令在"While"后方的输入框中输入等待条件，在"do"后方的输入框中输入循环期间的动作指令，点击【添加】、【应用】即可保存。While 指令界面如图 3.34 所示。

图 3.34 While 指令界面

3.6.9 if_else 指令

在"示教模拟"中的"程序示教"菜单栏下，点击【if_else】图标，进入 if_else 指令编辑界面。

此指令在"程序预览"中输入语句，编辑完毕之后，点击【添加】、【应用】即可保存。if_else 指令界面如图 3.35 所示。

3.6.10 Goto 指令

在"示教模拟"中的"程序示教"菜单栏下，点击【Goto】图标，进入 Goto 指令编辑界面。

此指令为跳转指令，在"程序预览"中输入语句，编辑完毕之后，点击【添加】、【应用】即可保存。Goto 指令界面如图 3.36 所示。

图 3.35　if_else 指令界面

图 3.36　Goto 指令界面

3.6.11　Wait 指令

在"示教模拟"中的"程序示教"菜单栏下，点击【Wait】图标，进入 Wait 指令编辑界面。

此指令在"等待时间"的输入框中输入等待时间（ms），输入完毕之后，点击【添加】、【应用】即可保存。WaitTime 指令界面如图 3.37 所示。

图 3.37　WaitTime 指令界面

点击【下一页】后，选择需要等待的 I/O 端口号（dint0～dint15 和 Tooldint0～Tooldint 1）；等待状态选项"False"为闭（表示为"0"），"True"为开（表示为"1"）；在"最大时间"输入框中输入等待时间（0～10 000 ms）；"等待超时处理"选项分别是"停止处理"（表示为"0"）、"继续执行"（表示为"1"）、"一直等待"（表示为"2"），选择完毕后，点击【添加】、【应用】即可保存。WaitDI 指令界面如图 3.38 所示。

3.6.12　Pause 指令

在"示教模拟"中的"程序示教"菜单栏下，点击【Pause】图标，进入 Pause 指令编辑界面。

此指令为暂停指令，"暂停功能"选项分别为"无功能""自定义暂停提示""气缸未到位""螺钉未到位""浮锁处理""滑牙处理"。选择完毕后，点击【添加】、【应用】即可保存。在程序中插入该指令，当程序执行到该指令时，机器人会处于暂停状态，若想继续运行，点击控制区"暂停/恢复"按键即可。Pause 指令界面如图 3.39 所示。

图 3.38　WaitDI 指令界面

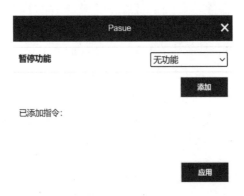

图 3.39　Pause 指令界面

3.6.13　CALL 指令

在"示教模拟"中的"程序示教"菜单栏下，点击【CALL】图标，进入 CALL 指令编辑界面。

点击文件名选择框，选择要插入的子程序，选择完毕后下方的显示框中会显示该子程序内容，若无问题点击【添加】、【应用】即可保存。Call 指令界面如图 3.40 所示。

注：Call 文件中不能出现 Call 指令。

图 3.40　Call 指令界面

3.7　辅助应用

1. 机器人校正

在"辅助应用"中"机器人本体"菜单栏下,点击【机器人校正】,进入机器人校正界面,其主要功能是对机器人进行零点位置校正。点击【去使能】按钮,拖动机器人各轴,移动机器人到机械上的零点位置,点击【零点设定】按钮,设定机器人零点。机器人校正示意图如图 3.41 所示。

❋　辅助应用

图 3.41　机器人校正示意图

零点设定:机器人出厂时会预设一个初始姿态,在此姿态下各个关节的角度为 0。零点设定时机器人各关节运动到特定位置时所对应的机器人姿态。零点是机器人坐标系的基准,没有零点,机器人就无法判断自身的位置,所以为了获得尽可能高的绝对定位精度,就需要对机器人进行零点设定。

一般在以下情况下，需要对机器人进行零点设定：

（1）更换机器人机械系统零部件后。

（2）与工件或者环境发生剧烈碰撞后。

（3）建立坐标系等操作与实际位置相差较大时。

（4）整个系统重新安装后。

（5）编码器电池更换后。

（6）长途运输、搬运机器人后。

2. 数据备份

在"辅助应用"中"机器人本体"菜单栏下，点击【数据备份】，进入数据备份界面。

备份包数据中包含工具坐标系数据、系统配置文件、示教点数据、用户程序、模板程序和用户配置文件，当用户需要将一台机器人的相关数据移到另一台机器人上使用时，可通过此功能快速实现。数据备份界面如图 3.42 所示。

图 3.42　数据备份界面

第二部分　项目应用

第4章　直线运动项目应用

4.1　项目概述

4.1.1　项目背景

※　直线运动项目应用简介

随着工业生产的发展，机器人激光焊接成为国际上面向21世纪的先进制造技术，生产制造企业对于该领域智能化机器人的要求也越来越高。因此，协作机器人在工艺激光焊接领域中的应用占有一定的比重。

本项目基于手动示教并结合基础实训模块，用尖锥夹具进行直线轨迹示教。图 4.1 所示为直线运动。

图 4.1　直线运动

4.1.2 项目需求

本项目为直线运动项目应用，通过直线运动并结合基础实训模块，用尖锥夹具代替工业工具，以模块中的三角形为例，项目需求效果如图 4.2 所示。

图 4.2　项目需求效果

4.1.3 项目目的

在本项目的学习训练中需达到以下目的：

（1）掌握工具坐标系、工件坐标系标定方法。

（2）学会运用机器人直线运动指令。

（3）熟练掌握机器人手动示教点操作。

（4）熟练掌握机器人程序编程操作。

4.2　项目分析

4.2.1 项目构架

本项目基于机器人直线运动项目，需要操作者用示教器进行手动示教。本项目的整体框架如图 4.3 所示，控制系统从示教器中检出相应信息，将指令信号反馈给控制箱，使执行机构按要求的动作顺序进行轨迹运动。

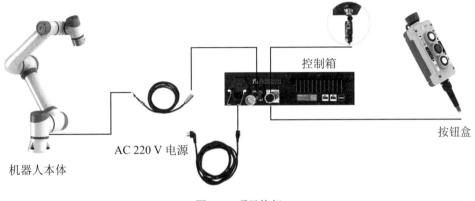

控制箱

按钮盒

AC 220 V 电源

机器人本体

图 4.3　项目构架

4.2.2　项目流程

在基于机器人手动示教点的直线运动项目实施过程中，需要包含以下环节：

（1）对项目进行分析，可知此项目使用直线运动指令进行三角形轨迹运动。

（2）对用到的工具及模块进行标定，这里使用尖锥夹具及基础实训模块进行轨迹示教。

（3）创建程序，编写三角形轨迹运动程序，调试检查程序，确认无误后运行程序，观察程序运行结果。

整体的直线运动项目流程如图 4.4 所示。

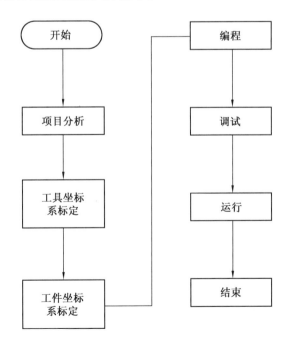

图 4.4　直线运动项目流程

4.3 项目要点

4.3.1 路径规划

HRG-HD1XKE 型工业机器人技能考核实训台包含一系列实训模块用于实操训练，在项目编程前需要安装基础实训模块和所需工具。

本项目使用基础实训模块，以模块中的三角形为例，演示机器人的直线运动。路径规划：过渡点 P1→第一点 P2→第二点 P3→第三点 P4→第一点 P2→过渡点 P1，如图 4.5 所示。

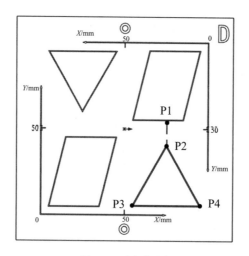

图 4.5 路径规划

4.3.2 指令介绍

LIN 指令可以选择需要到达的点，"调试速度"可设置范围为 0%～100%，"平滑过渡半径"可设置范围为 0～1 000 mm。并可在该点位姿上进行"是否偏移"设置，选择偏移，会弹出 X、Y、Z、RX、RY、RZ 偏移量设置，该指令所达到点的路径为直线。选择完毕后，点击【添加】、【应用】即可保存。LIN 指令界面如图 4.6 所示。

LIN	✕

点名称:	1 ∨
工具坐标系:	toolcoord1
工件坐标系	1
X	77.215
Y	107.240
Z	144.444
RX	-2.836
RY	-2.424
RZ	131.568
调试速度	100　%
平滑过渡半径	0　mm
是否偏移	否 ∨

自动速度:300.000cm/min

手动速度:1200.000cm/min

添加

已添加指令:

应用

图 4.6　LIN 指令界面

4.4　项目步骤

4.4.1　应用系统连接

　　HRG-HD1XKE 型工业机器人技能考核实训台包含一系列实训模块用于实操训练,在直线运动项目编程前需要安装基础实训模块和所需工具,系统连接框图如图 4.7 所示。

❋　直线运动项目应用步骤

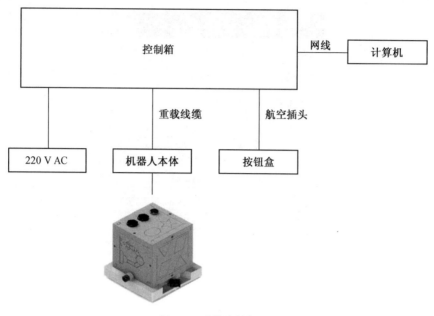

图 4.7　系统连接框图

4.4.2　应用系统配置

本项目无须应用系统配置。

4.4.3　主体程序设计

经过以上对项目的分析，直线运动项目应用整体的操作步骤见表 4.1。

表 4.1　直线运动操作步骤

序号	图片示例	操作步骤
1	**工具坐标系设置** 当前工具坐标系 坐标系名称　toolcoord1 X −64.359　Y −112.936　Z 120.771 RX −124.489　RY 40.407　RZ −47.850 工具类型 0　0:工具,1:传感器 安装位置 0　0:末端,1:外部 坐标系设置 取消修改　　清除数据　　应用 工具类型 工具 修改向导 X −64.359　Y −112.936　Z 120.771 RX −124.489　RY 40.407　RZ −47.850 取消　　保存	利用六点法建立工具坐标系"toolcoord1"（"1"为坐标系编号，操作步骤详见 3.3.1）。如工具坐标系已创建完成，则无须再次创建

续表 4.1

序号	图片示例	操作步骤
2	当前工件坐标系 坐标系名称　wobjcoord1 X　137.452　　Y　-385.124　　Z　156.025 RX　1.233　　RY　0.175　　RZ　-147.501 坐标系设置 取消修改　　清除数据　　应用 修改向导 X　137.452　　Y　-385.124　　Z　156.025 RX　1.233　　RY　0.175　　RZ　-147.501 取消　　　　　　保存	利用三点法建立工件坐标系 " wobjcoord1 "（"1"为坐标系编号，操作步骤详见 3.3.2）。如工件坐标系已创建完成，则无须再次创建
3	新建文件 名称：zhixian empty.lua 删除　　新建	点击"新建"→"名称"，输入 " zhixian " → 点击 "empty.lua"→点击【新建】完成设置
4		手动示教点 "1"

续表 4.1

序号	图片示例	操作步骤
5		在示教点记录"1"→点击【添加】按钮
6	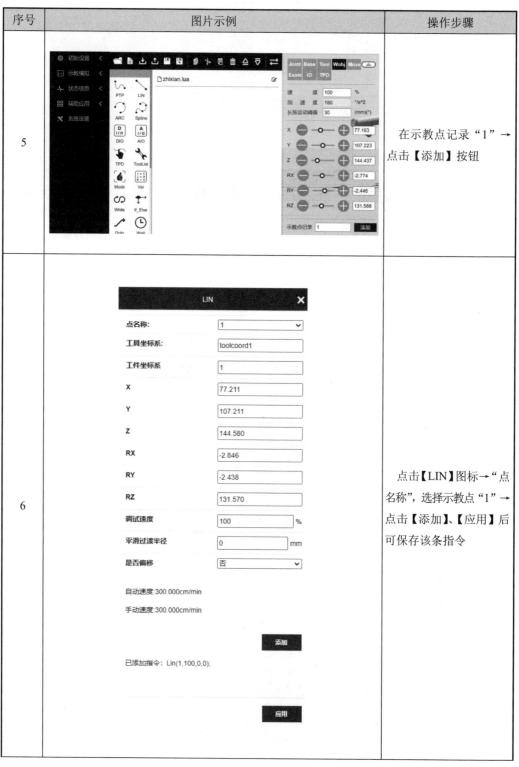	点击【LIN】图标→"点名称"，选择示教点"1"→点击【添加】、【应用】后可保存该条指令

续表 4.1

序号	图片示例	操作步骤
7		手动示教点 "2"
8		在示教点记录 "2" →点击【添加】按钮

续表 4.1

序号	图片示例	操作步骤
9	**LIN** ✕ 点名称： 2 ▾ 工具坐标系： toolcoord1 工件坐标系 1 X 68.429 Y 101.697 Z 0.981 RX -2.876 RY -2.479 RZ 131.604 调试速度 100 % 平滑过渡半径 0 mm 是否偏移 否 ▾ 自动速度:300.000cm/min 手动速度:300.000cm/min 添加 已添加指令：Lin(2,100,0,0); 应用	点击【LIN】图标→"点名称"，选择示教点"2"→点击【添加】、【应用】后可保存该条指令
10	 	手动示教点"3"

续表 **4.1**

序号	图片示例	操作步骤
11	zhixian.lua 1← Lin(1,100,0,0) 2← Lin(2,100,0,0) 速　度 100 % 加速度 180 °/s^2 长按运动增值 30 (mm)(°) X 106.063　Y 89.316　Z 1.683 RX -2.879　RY -2.485　RZ 131.647 示教点记录 3 添加	在示教点记录"3"→点击【添加】按钮
12	**LIN** ✕ 点名称： 3 工具坐标系： toolcoord1 工件坐标系： 1 X 106.057 Y 89.314 Z 1.749 RX -2.878 RY -2.482 RZ 131.626 调试速度 100 % 平滑过渡半径 0 mm 是否偏移 否 自动速度:300.000cm/min 手动速度:300.000cm/min 添加 已添加指令：Lin(3,100,0,0); 应用	点击【LIN】图标→"点名称",选择示教点"3"→点击【添加】、【应用】后可保存该条指令

续表 4.1

序号	图片示例	操作步骤
13	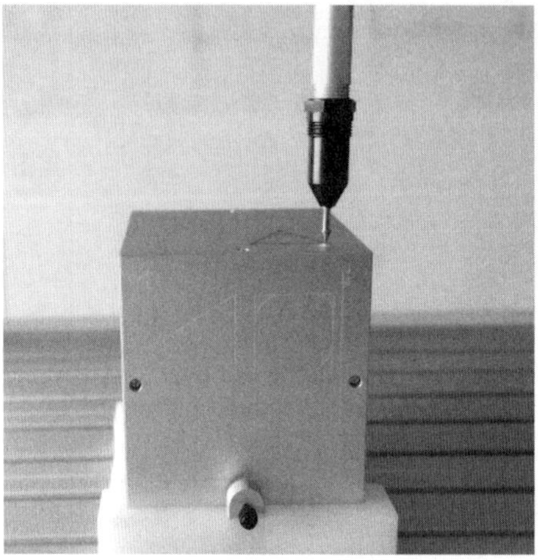	手动示教点"4"
14	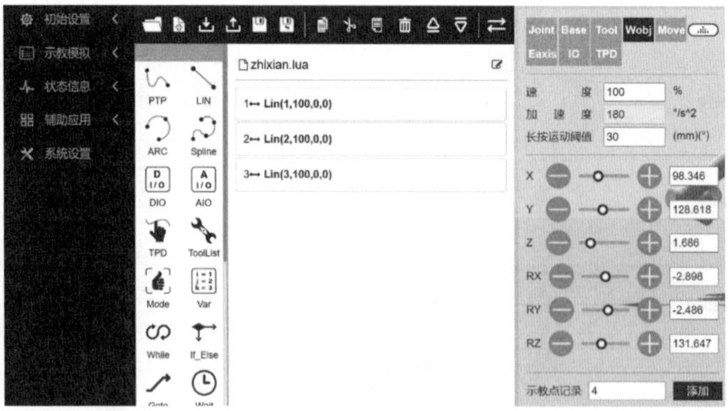	在示教点记录"4"→点击【添加】按钮

84

续表 4.1

序号	图片示例	操作步骤
15	**LIN** ✕ 点名称：　　　4 工具坐标系：　toolcoord1 工件坐标系　　1 X　　　　　　98.343 Y　　　　　　128.627 Z　　　　　　1.757 RX　　　　　-2.885 RY　　　　　-2.491 RZ　　　　　131.639 调试速度　　　100　　% 平滑过渡半径　0　　　mm 是否偏移　　　否 自动速度:300.000cm/min 手动速度:300.000cm/min 添加 已添加指令：Lin(4,100,0,0); 应用	点击【LIN】图标→"点名称"，选择示教点"4"→点击【添加】、【应用】后可保存该条指令
16		回到示教点"2"

续表 4.1

序号	图片示例	操作步骤
17	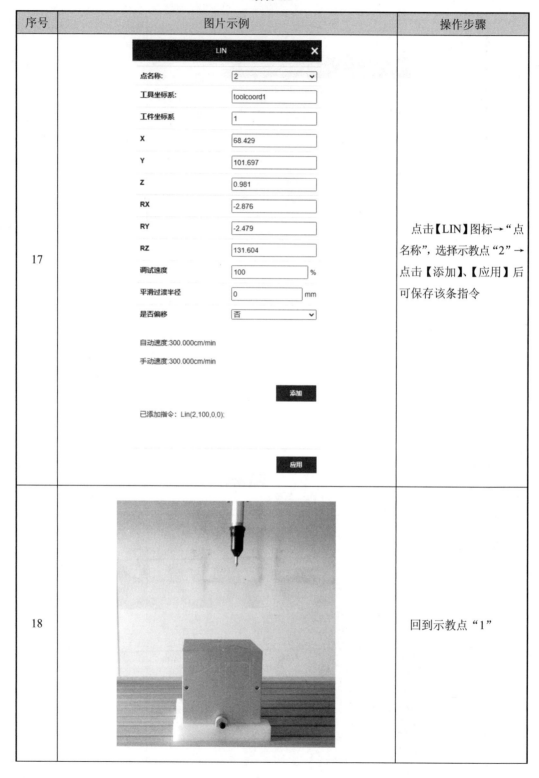 LIN ✕ 点名称: 2 工具坐标系: toolcoord1 工件坐标系 1 X 68.429 Y 101.697 Z 0.981 RX -2.876 RY -2.479 RZ 131.604 调试速度 100 % 平滑过渡半径 0 mm 是否偏移 否 自动速度:300.000cm/min 手动速度:300.000cm/min 添加 已添加指令：Lin(2,100,0,0); 应用	点击【LIN】图标→"点名称"，选择示教点"2"→点击【添加】、【应用】后可保存该条指令
18		回到示教点"1"

续表 4.1

序号	图片示例	操作步骤
19		点击【LIN】图标→"点名称"，选择示教点"1"→点击【添加】、【应用】后可保存该条指令
20	 zhixian.lua 1↦ Lin(1,100,0,0) 2↦ Lin(2,100,0,0) 3↦ Lin(3,100,0,0) 4↦ Lin(4,100,0,0) 5↦ Lin(2,100,0,0) 6↦ Lin(1,100,0,0)	直线运动完整程序

4.4.4 关联程序设计

本项目无须关联程序设计。

4.4.5 项目程序调试

手动运行程序调试步骤见表 4.2。

表 4.2 手动运行程序调试

序号	图片示例	操作步骤
1	当前机器人模式　**手动模式** 切换模式	点击【🖐】
2	📄zhixian.lua　　　　✎ 1↔ Lin(1,100,0,0)　▶ ✎ 2↔ Lin(2,100,0,0) 3↔ Lin(3,100,0,0) 4↔ Lin(4,100,0,0) 5↔ Lin(2,100,0,0) 6↔ Lin(1,100,0,0)	在机器人手动运行模式下，移动至初始点后，调整速度，然后点击程序的蓝色高亮显示按钮，单步运行即可
3	▶　■　▶❚❚	程序运行过程中可以按停止按钮或者暂停按钮，暂停之后点击恢复按钮即可运行
4		项目程序总体调试

4.4.6　项目总体运行

自动运行程序调试步骤见表 4.3。

表 4.3　自动运行程序调试

序号	图片示例	操作步骤
1	当前机器人模式　自动模式 切换模式	点击【】
2	示教程序运行确认　✕ 确认运行当前示教程序！ 取消　运行	在机器人自动运行之前，需确认当前示教程序是否运行
3	📄 zhixian.lua　✎ 1↦ Lin(1,100,0,0) 2↦ Lin(2,100,0,0) 3↦ Lin(3,100,0,0) 4↦ Lin(4,100,0,0) 5↦ Lin(2,100,0,0) 6↦ Lin(1,100,0,0)	在机器人自动运行模式下，移动至初始点后，调整速度，然后点击【▶】开始按钮即可
4	▶　■　▶❙	程序运行过程中可以停止或者暂停，暂停之后点击恢复按钮即可运行
5		项目程序总体运行

4.5 项目验证

4.5.1 效果验证

项目运行完成后，得到的效果应如图 4.8 所示，尖锥夹具从过渡点直线运动到三角形的第一点后，然后按照图 4.8 所示的路径进行运动，最后回到过渡点。

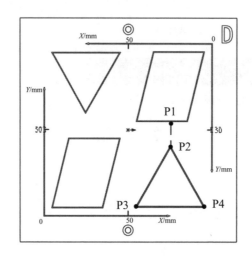

图 4.8　效果验证

4.5.2 数据验证

程序编写完成后，点击每一条程序的【命令行编辑】按钮即可查看每一点的位姿数据，通过点位信息也可验证程序的可行性，数据验证如图 4.9 所示。

图 4.9　数据验证

4.6　项目总结

4.6.1　项目评价

本项目基于基础实训模块，主要介绍了机器人的直线运动指令应用和轨迹运动，通过本项目的训练，可达到以下目的：

（1）巩固工具坐标系和工件坐标系标定的方法。

（2）学会使用机器人直线运动指令。

（3）掌握机器人示教器的点动操作。

4.6.2　项目拓展

通过本项目的学习，可以对项目进行以下拓展：

拓展项目：利用尖锥夹具完成基础实训模块上平行四边形的轨迹示教，如图 4.10 所示。

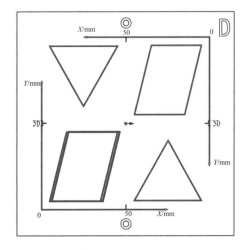

图 4.10　项目拓展

第 5 章　圆弧运动项目应用

5.1　项目概述

5.1.1　项目背景

随着技术的发展，机器人行业日趋自动化和智能化。用机器人来执行危险度与重复性较高的工作，可以解放人力，提升效率及产能，提升加工品质。

本项目基于手动示教并结合基础实训模块，用尖锥夹具进行圆弧轨迹示教。图 5.1 所示为圆弧运动。

※　圆弧运动项目应用简介

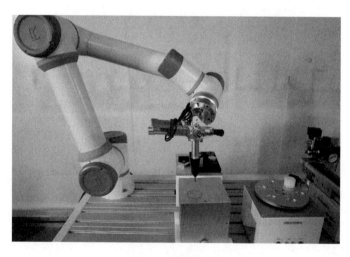

图 5.1　圆弧运动

5.1.2　项目需求

本项目为圆弧运动项目应用，基于基础实训模块，用尖锥夹具代替工业工具，以模块中的圆弧为例，进行轨迹示教，项目需求效果如图 5.2 所示。

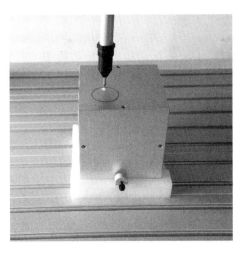

图 5.2　项目需求效果

5.1.3　项目目的

在本项目的学习训练中需达到以下目的:

(1) 掌握工具坐标系、工件坐标系标定方法。

(2) 学会运用机器人圆弧运动指令。

(3) 熟练掌握机器人手动示教点操作。

(4) 熟练掌握机器人程序编程操作。

5.2　项目分析

5.2.1　项目构架

本项目为圆弧运动项目应用,需要操作者用示教器进行手动示教。本项目的整体构架如图 5.3 所示,控制系统从示教器中检出相应信息,将指令信号反馈给控制箱,使执行机构按要求的动作顺序进行轨迹运动。

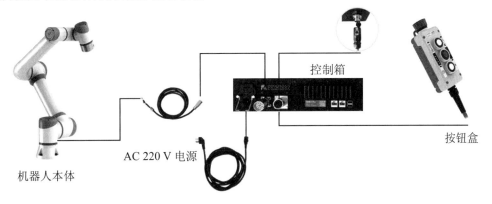

图 5.3　整体构架

5.2.2 项目流程

在基于机器人手动示教点的圆弧运动项目实施过程中，需要包含以下环节：

（1）对项目进行分析，可知此项目进行圆弧轨迹运动。

（2）对用到的工具及模块进行标定，这里使用尖锥夹具及基础实训模块进行轨迹示教。

（3）创建程序，编写圆形轨迹运动程序，调试检查程序，确认无误后运行程序，观察程序运行结果。

整体的圆弧运动项目流程如图 5.4 所示。

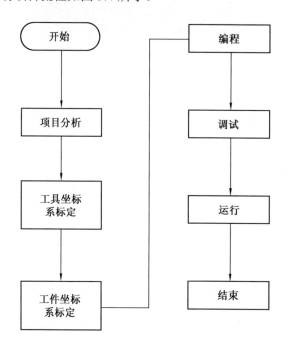

图 5.4 圆弧运动项目流程

5.3 项目要点

5.3.1 路径规划

HRG-HD1XKE 型工业机器人技能考核实训台包含一系列实训模块用于实操训练，在项目编程前需要安装基础实训模块和所需工具。

本项目使用基础实训模块，以模块中的圆弧为例，演示机器人的圆弧运动。路径规划：过渡点 P5→第一点 P6→第二点 P7→第三点 P8→第三点 P9→第一点 P6→过渡点 P5，如图 5.5 所示。

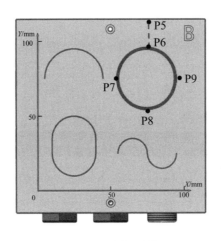

图 5.5　路径规划

5.3.2　指令介绍

1. ARC 指令

　　ARC 指令为圆弧运动，包含两个点，第一点为圆弧中间过渡点，点击【下一页】后，第二点为终点，"调试速度"可设置范围为 0%～100%，"平滑过渡半径"可设置范围为 0～1 000 mm。选择完毕后，点击【添加】、【应用】即可保存。ARC 指令界面如图 5.6 所示。

ARC		✕
圆弧终点:	7 ▾	
工具坐标系:	toolcoord1	
工件坐标系	1	
X	98.516	
Y	33.562	
Z	1.701	
RX	-2.449	
RY	-2.443	
RZ	131.605	

下一页

应用

ARC		✕
圆弧终点:	8 ▾	
工具坐标系:	toolcoord1	
工件坐标系	1	
X	111.022	
Y	58.556	
Z	1.737	
RX	-2.455	
RY	-2.453	
RZ	131.618	
调试速度	100	%
平滑过渡半径	0	mm

添加

已添加指令:

应用

图 5.6　ARC 指令界面

2. LIN 指令

LIN 指令可以选择需要到达的点，"调试速度"可设置范围为 0%～100%，"平滑过渡半径"可设置范围为 0～1 000 mm。并可在该点位姿上进行是否偏移设置，选择偏移，会弹出 X、Y、Z、RX、RY、RZ 偏移量设置，该指令所达到点的路径为直线。选择完毕后，点击【添加】、【应用】即可保存。LIN 指令界面如图 5.7 所示。

LIN	✕
点名称：	5
工具坐标系：	toolcoord1
工件坐标系	1
X	71.965
Y	49.172
Z	115.884
RX	-2.444
RY	-2.439
RZ	131.581
调试速度	100 %
平滑过渡半径	0 mm
是否偏移	否

自动速度:300.000cm/min

手动速度:300.000cm/min

添加

已添加指令：Lin(5,100,0,0);

应用

图 5.7 LIN 指令界面

5.4 项目步骤

5.4.1 应用系统连接

❈ 圆弧运动项目应用步骤

HRG-HD1XKE 型工业机器人技能考核实训台包含一系列实训模块用于实操训练，在项目编程前需要安装基础实训模块和所需工具，系统连接框图如图 5.8 所示。

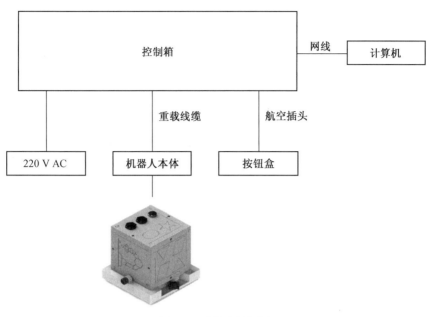

图 5.8　系统连接框图

5.4.2　应用系统配置

本项目无须应用系统配置。

5.4.3　主体程序设计

经过以上对项目的分析，圆弧运动项目应用整体的操作步骤见表 5.1。

表 5.1　圆弧运动操作步骤

序号	图片示例	操作步骤
1	**工具坐标系设置** 当前工具坐标系 坐标系名称　toolcoord1 X -64.359　Y -112.936　Z 120.771 RX -124.489　RY 40.407　RZ -47.850 工具类型 0　0:工具,1:传感器 安装位置 0　0:末端,1:外部 坐标系设置 取消修改　清除数据　应用 工具类型 工具 修改向导 X -64.359　Y -112.936　Z 120.771 RX -124.489　RY 40.407　RZ -47.850 取消　保存	利用六点法建立工具坐标系"toolcoord1"（"1"为坐标系编号，操作步骤详见 3.3.1）。如工具坐标系已创建完成，则无须再次创建

续表 5.1

序号	图片示例	操作步骤
2	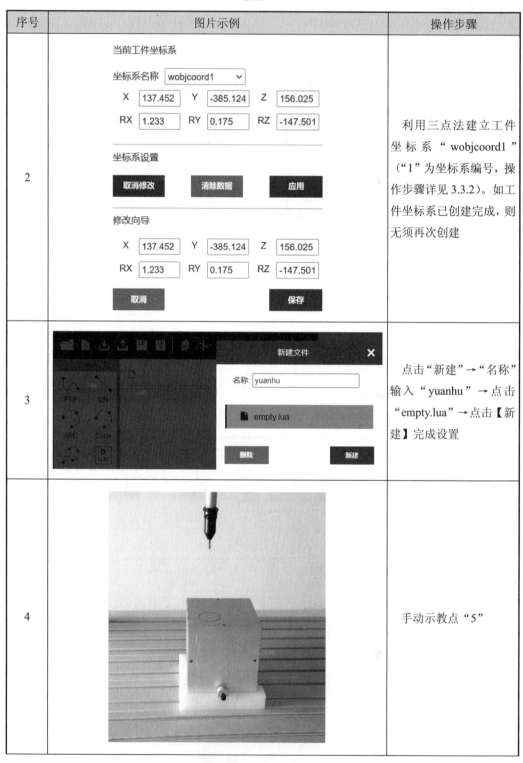	利用三点法建立工件坐标系"wobjcoord1"（"1"为坐标编号，操作步骤详见 3.3.2）。如工件坐标系已创建完成，则无须再次创建
3		点击"新建"→"名称"输入"yuanhu"→点击"empty.lua"→点击【新建】完成设置
4		手动示教点"5"

续表 **5.1**

序号	图片示例	操作步骤
5		在示教点记录"5"→ 点击【添加】按钮
6		点击【LIN】图标→"点名称",选择示教点"5"→ 点击【添加】、【应用】后可保存该条指令

续表 5.1

序号	图片示例	操作步骤
7		手动示教点"6"
8		在示教点记录"6"→ 点击【添加】按钮

续表 5.1

序号	图片示例	操作步骤
9	LIN　✕ 点名称：　6 工具坐标系：　toolcoord1 工件坐标系　1 X　72.223 Y　49.156 Z　1.744 RX　-2.450 RY　-2.445 RZ　131.599 调试速度　100　% 平滑过滤半径　0　mm 是否偏移　否 自动速度:300.000cm/min 手动速度:300.000cm/min 添加 已添加指令：Lin(6,100,0,0); 应用	点击【LIN】图标→"点名称"，选择示教点"6"→点击【添加】、【应用】后可保存该条指令
10		手动示教点"7"

续表 5.1

序号	图片示例	操作步骤
11	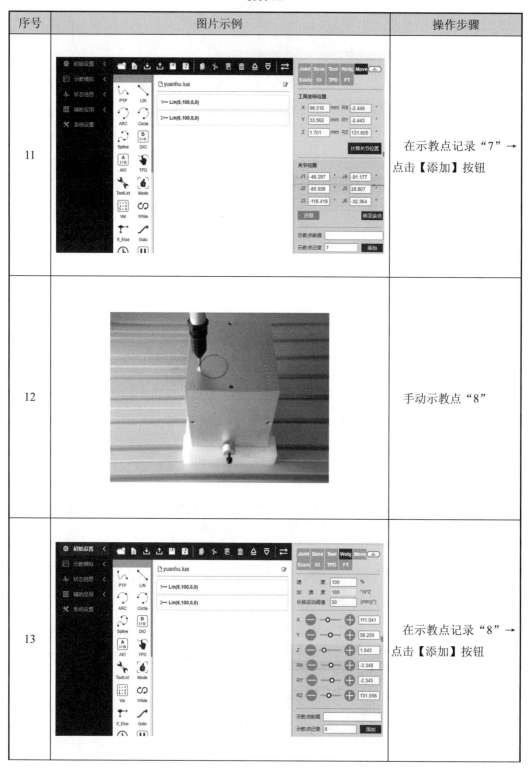	在示教点记录"7"→点击【添加】按钮
12		手动示教点"8"
13		在示教点记录"8"→点击【添加】按钮

续表 5.1

序号	图片示例	操作步骤
14	**ARC** ✕ 圆弧终点: 7 工具坐标系: toolcoord1 工件坐标系 1 X 98.525 Y 33.509 Z 1.663 RX -2.442 RY -2.431 RZ 131.605 下一页 应用	点击【ARC】图标→"圆弧终点"选择示教点"7"→点击【下一页】
15	**ARC** ✕ 圆弧终点: 8 工具坐标系: toolcoord1 工件坐标系 1 X 111.035 Y 58.259 Z 1.540 RX -2.348 RY -2.300 RZ 131.609 调试速度 100 % 平滑过渡半径 0 mm 添加 已添加指令：ARC(7,8,100,0); 应用	"圆弧终点"选择示教点"8"→点击【添加】、【应用】后可保存该条指令

续表 5.1

序号	图片示例	操作步骤
16	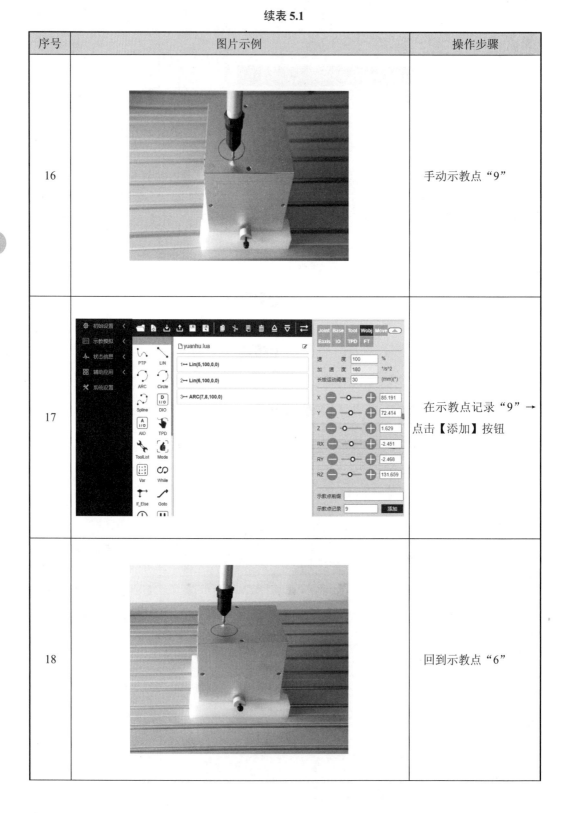	手动示教点"9"
17		在示教点记录"9"→点击【添加】按钮
18		回到示教点"6"

续表 5.1

序号	图片示例	操作步骤
19	ARC ✕ 圆弧终点：　9 工具坐标系：　toolcoord1 工件坐标系　1 X　85.178 Y　72.486 Z　1.654 RX　-2.459 RY　-2.481 RZ　131.660 下一页 应用	点击【ARC】图标→"圆弧终点"选择示教点"9"→点击【下一页】
20	ARC ✕ 圆弧终点：　6 工具坐标系：　toolcoord1 工件坐标系　1 X　72.242 Y　49.096 Z　1.705 RX　-2.443 RY　-2.432 RZ　131.598 调试速度　100 ％ 平滑过渡半径　0 mm 添加 已添加指令：ARC(9,6,100,0); 应用	"圆弧终点"选择示教点"6"→点击【添加】、【应用】后可保存该条指令

续表 5.1

序号	图片示例	操作步骤
21		回到示教点"5"
22	LIN ✕ 点名称： 5 工具坐标系： toolcoord1 工件坐标系 1 X 71.965 Y 49.172 Z 115.884 RX -2.444 RY -2.439 RZ 131.581 调试速度 100 % 平滑过度半径 0 mm 是否偏移 否 自动速度:300.000cm/min 手动速度:300.000cm/min 添加 已添加指令：Lin(5,100,0,0); 应用	点击【LIN】图标→"点名称"选择示教点"5"→点击【添加】、【应用】后可保存该条指令

续表 5.1

序号	图片示例	操作步骤
23	☐ yuanhu.lua　　　　　☑ 1↤ Lin(5,100,0,0)　　▶ ☑ 2↤ Lin(6,100,0,0) 3↤ ARC(7,8,100,0) 4↤ ARC(9,6,100,0) 5↤ Lin(5,100,0,0)	圆弧运动完整程序

5.4.4　关联程序设计

本项目无须关联程序设计。

5.4.5　项目程序调试

手动运行程序调试步骤见表 5.2。

表 5.2　手动运行程序调试

序号	图片示例	操作步骤
1	当前机器人模式　手动模式 切换模式	点击【✋】
2	☐ yuanhu.lua　　　　　☑ 1↤ Lin(5,100,0,0)　　▶ ☑ 2↤ Lin(6,100,0,0) 3↤ ARC(7,8,100,0) 4↤ ARC(9,6,100,0) 5↤ Lin(5,100,0,0)	在机器人手动运行模式下，移动至初始点后，调整速度，然后点击程序的蓝色高亮显示按钮，单步运行即可

107

续表 5.2

序号	图片示例	操作步骤
3		程序运行过程中可以按停止按钮或者暂停按钮，暂停之后点击恢复按钮即可运行
4	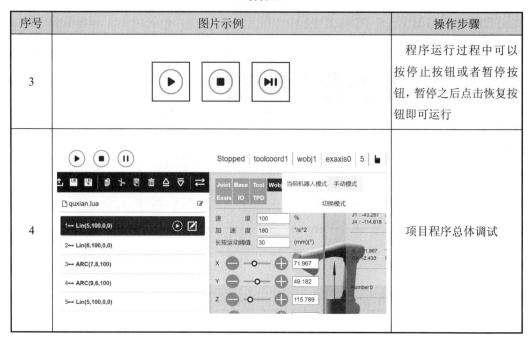	项目程序总体调试

5.4.6　项目总体运行

自动运行程序调试步骤见表 5.3。

表 5.3　自动运行程序调试

序号	图片示例	操作步骤
1	当前机器人模式　自动模式 切换模式	点击【⟳】
2	示教程序运行确认 ✕ 确认运行当前示教程序！ 取消　运行	在机器人自动运行之前，需确认当前示教程序是否运行

108

续表 5.3

序号	图片示例	操作步骤
3		在机器人自动运行模式下，移动至初始点后，调整速度，然后点击【▶】开始按钮即可
4		程序运行过程中可以停止或者暂停，暂停之后点击恢复按钮即可运行
5		项目程序总体运行

5.5　项目验证

5.5.1　效果验证

项目运行完成后，得到的效果应如图 5.9 所示，尖锥夹具从过渡点直线运动到圆弧的第一点后，然后按照图 5.9 所示的路径进行运动，最后回到过渡点。

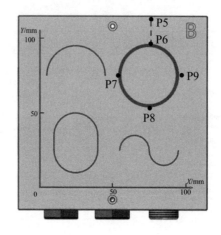

图 5.9　效果验证

5.5.2　数据验证

程序编写完成后，点击每一条程序的【命令行编辑】按钮即可查看每一点的位姿数据，通过点位信息也可验证程序的可行性，数据验证如图 5.10 所示。

图 5.10　数据验证

5.6　项目总结

5.6.1　项目评价

本项目基于基础实训模块，主要介绍了机器人的圆弧运动指令应用和轨迹运动，通过本项目的训练，可达到以下目的：

（1）巩固工具坐标系、工件坐标系标定方法。

（2）学会使用机器人圆弧运动指令。

（3）掌握机器人示教器的点动操作。

5.6.2　项目拓展

通过本项目的学习，可以对项目进行以下拓展：

拓展项目：利用 Circle 指令，利用尖锥夹具完成基础实训模块上圆弧的轨迹示教，如图 5.11 所示。

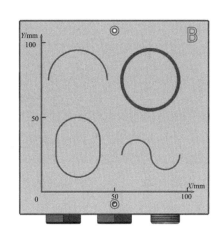

图 5.11　项目拓展

第6章 输送带搬运项目应用

6.1 项目概述

6.1.1 项目背景

❋ 输送带搬运项目应用介绍

随着工业自动化的发展，很多轻工业相继采用自动化流水线作业，不仅效率提升几十倍，生产成本也降低了。随着用工荒和劳动力成本上涨，以劳动密集型企业为主的中国制造业进入新的发展阶段，机器人搬运码垛生产线开始进入配送、搬运、码垛等工作领域。图 6.1 所示为输送带搬运应用。

图 6.1　输送带搬运

6.1.2 项目需求

本项目为输送带搬运项目应用，将输送带一端的圆饼搬运到输送带带有传感器的另一端，项目需求效果如图 6.2 所示。

图 6.2　项目需求效果

6.1.3　项目目的

在本项目的学习训练中需达到以下目的：

（1）了解输送带搬运项目应用的场景及项目的意义。

（2）熟悉输送带搬运动作的流程及路径规划。

（3）掌握机器人 I/O 的设置。

（4）掌握机器人的编程、调试及运行方法。

6.2　项目分析

6.2.1　项目构架

本项目为输送带搬运项目应用，需要操作者用示教器进行手动示教。本项目的整体构架如图 6.3 所示，将项目中需用到吸盘工具与控制箱内的 I/O 板采用电缆连接。控制系统从示教器中检出相应信息，将指令信号反馈给控制箱，使执行机构按要求的动作顺序进行轨迹运动。

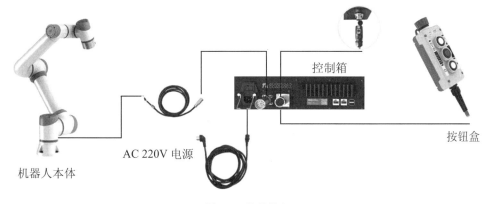

图 6.3　整体构架

6.2.2 项目流程

在基于物料检测的输送带搬运项目实施过程中，需要包含以下环节：

（1）对项目进行分析，可知此项目需在输送带上实现搬运物料的操作。

（2）对项目用到的工具及模块进行标定，这里使用吸盘及输送带搬运模块进行示教。

（3）创建程序，编写程序，调试检查程序，确认无误后运行程序，观察程序运行结果。整体的输送带搬运项目流程如图 6.4 所示。

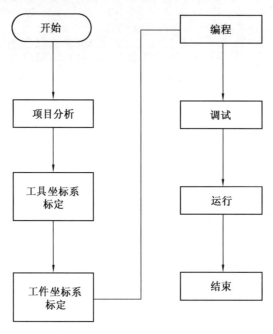

图 6.4 输送带搬运项目流程

6.3 项目要点

6.3.1 路径规划

HRG-HD1XKE 型工业机器人技能考核实训台包含一系列实训模块用于实操训练，在项目编程前需要安装输送带搬运模块和所需工具。

根据本项目要求，路径规划为初始点 P10→圆饼抬起点 P11→圆饼拾取点 P12→圆饼抬起点 P11→圆饼抬起点 P13→圆饼放置点 P14→圆饼抬起点 P13→初始点 P10，如图 6.5 所示。

6.3.2 I/O 设置

本项目是将输送带一端上面的圆饼搬运到输送带带有光电传感器的一端，机器人数字输出 DO8 是用于控制工具末端吸盘。

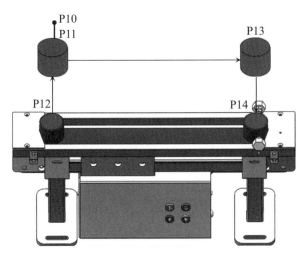

图 6.5　路径规划

6.3.3　指令介绍

1. I/O 指令

"SetDO/SPLCSetDO"指令包括 16 路控制箱数字输出（dout0～dout15）和 2 路工具数字输出（Tooldout0～Tooldout1）。"状态"选项"False"为闭（表示为"0"），"True"为开（表示为"1"）；"是否阻塞"选项选择"阻塞"表示运动停止后设置 DO 状态，选择"非阻塞"表示在上一条运动过程中设置 DO 状态；"平滑轨迹"选项选择"Break"表示在平滑过渡半径结束后设置 DO 状态（表示为"0"），选择"Serious"代表的是在平滑过渡半径运动过程中设置 DO 状态（表示为"1"）。选择完毕后，点击【添加】、【应用】即可保存。SetDO 指令界面如图 6.6 所示。

图 6.6　SetDO 指令界面

2. LIN 指令

LIN 指令可以选择需要到达的点，"调试速度"可设置范围为 0%～100%，"平滑过渡半径"可设置范围为 0～1 000 mm。并可在该点位姿上进行是否偏移设置，选择偏移，会弹出 x、y、z、rx、ry、rz 偏移量设置，该指令达到点的路径为直线。选择完毕后，点击【添加】、【应用】即可保存。LIN 指令界面如图 6.7 所示。

图 6.7　LIN 指令界面

6.4　项目步骤

6.4.1　应用系统连接

HRG-HD1XKE 型工业机器人技能考核实训台包含一系列实训模块用于实操训练,在项目编程前需要安装输送带搬运模块和所需工具,系统连接框图如图 6.8 所示。

❋ 输送带搬运项目应用步骤

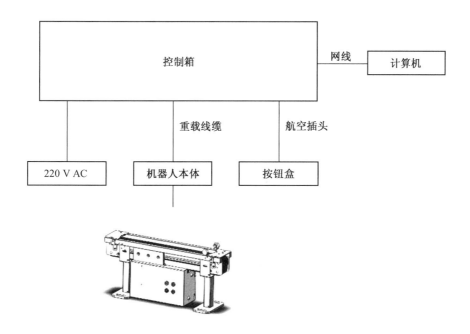

图 6.8　系统连接框图

6.4.2　应用系统配置

本项目无须应用系统配置。

6.4.3　主体程序设计

经过以上对项目的分析,输送带搬运项目应用整体的操作步骤见表 6.1。

表 6.1　输送带搬运操作步骤

序号	图片示例	操作步骤
1	**工具坐标系设置** 当前工具坐标系 坐标系名称　toolcoord1 X -64.359　Y -112.936　Z 120.771 RX -124.489　RY 40.407　RZ -47.850 工具类型 0　0:工具,1:传感器 安装位置 0　0:末端,1:外部 坐标系设置 取消修改　清除数据　应用 工具类型 工具 修改向导 X -64.359　Y -112.936　Z 120.771 RX -124.489　RY 40.407　RZ -47.850 取消　保存	利用六点法建立工具坐标系"toolcoord1"（"1"为坐标系编号，操作步骤详见 3.3.1）。如工具坐标系已创建完成，则无须再次创建
2	当前工件坐标系 坐标系名称　wobjcoord1 X 137.452　Y -385.124　Z 156.025 RX 1.233　RY 0.175　RZ -147.501 坐标系设置 取消修改　清除数据　应用 修改向导 X 137.452　Y -385.124　Z 156.025 RX 1.233　RY 0.175　RZ -147.501 取消　保存	利用三点法建立工件坐标系"wobjcoord1"（"1"为坐标系编号，操作步骤详见 3.3.2）。如工件坐标系已创建完成，则无须创建
3	新建文件 名称: shusongdai empty.lua 删除　新建	点击"新建"→"名称"输入"shusongdai"→点击"empty.lua"→【新建】完成设置

续表 6.1

序号	图片示例	操作步骤
4	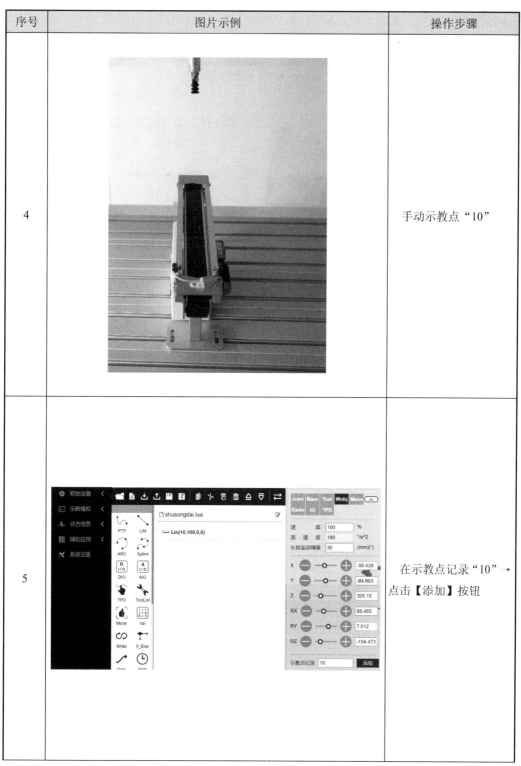	手动示教点 "10"
5		在示教点记录 "10" → 点击【添加】按钮

续表 6.1

序号	图片示例	操作步骤
6	**LIN** ✕ 点名称： 10 工具坐标系： toolcoord1 工件坐标系 1 X -56.438 Y -84.692 Z 305.149 RX 95.498 RY 7.006 RZ -154.461 调试速度 100 % 平滑过渡半径 0 mm 是否偏移 否 自动速度:300.000cm/min 手动速度:600.000cm/min 添加 已添加指令：Lin(10,100,0,0); 应用	点击【LIN】图标→"点名称"选择示教点"10"→点击【添加】、【应用】后可保存该条指令
7		手动示教点"11"

续表 6.1

序号	图片示例	操作步骤
8		在示教点记录"11"→点击【添加】按钮
9	LIN 点名称: 11 工具坐标系: toolcoord1 工件坐标系: 1 X: -56.456 Y: -84.655 Z: 169.312 RX: 95.503 RY: 7.003 RZ: -154.475 调试速度: 100 % 平滑过渡半径: 0 mm 是否偏移: 否 自动速度:300.000cm/min 手动速度:1200.000cm/min 添加 已添加指令: Lin(11,100,0,0); 应用	点击【LIN】图标→"点名称"选择示教点"11"→点击【添加】、【应用】后可保存该条指令

续表 6.1

序号	图片示例	操作步骤
10	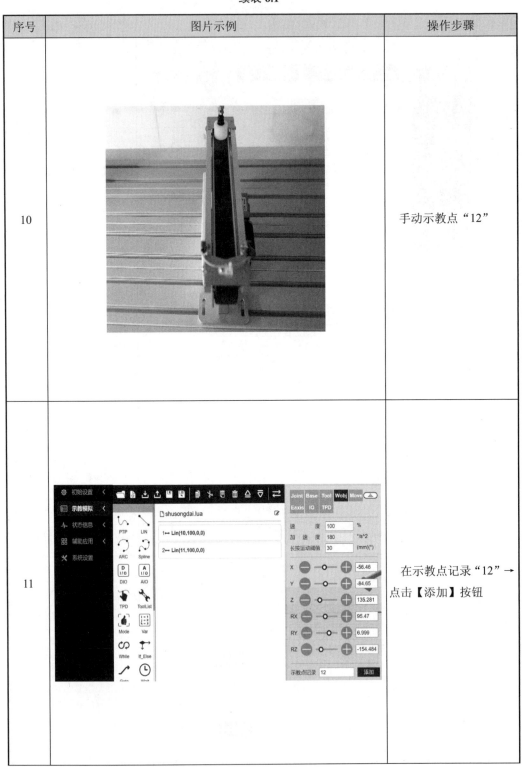	手动示教点"12"
11		在示教点记录"12"→ 点击【添加】按钮

续表 6.1

序号	图片示例	操作步骤
12	**LIN** ✕ 点名称: 12 工具坐标系: toolcoord1 工件坐标系: 1 X -56.460 Y -84.649 Z 135.279 RX 95.504 RY 7.002 RZ -154.478 调试速度 100 % 平滑过渡半径 0 mm 是否偏移 否 自动速度:300.000cm/min 手动速度:1200.000cm/min 添加 已添加指令：Lin(12,100,0,0); 应用	点击【LIN】图标→"点名称"，选择示教点"12"→点击【添加】、【应用】后可保存该条指令
13	**SetIO** ✕ 端口 dout8 状态 True 是否阻塞 阻塞 平滑轨迹 Break 下一页 添加 已添加指令：SetDO(8,1,0); 应用	点击【I/O】图标→"端口"选择"dout8"→"状态"选择"True"→"是否阻塞"选择"阻塞"→"平滑轨迹"选择"Break"→点击【添加】、【应用】后可保存该条指令 注：dout8 的"True"状态是吸盘开启

续表 6.1

序号	图片示例	操作步骤
14		回到示教点"11"
15		点击【LIN】图标→"点名称"选择示教点"11"→点击【添加】、【应用】后可保存该条指令

续表 6.1

序号	图片示例	操作步骤
16		手动示教点"13"
17		在示教点记录"13"→ 点击【添加】按钮

续表 **6.1**

序号	图片示例	操作步骤
18	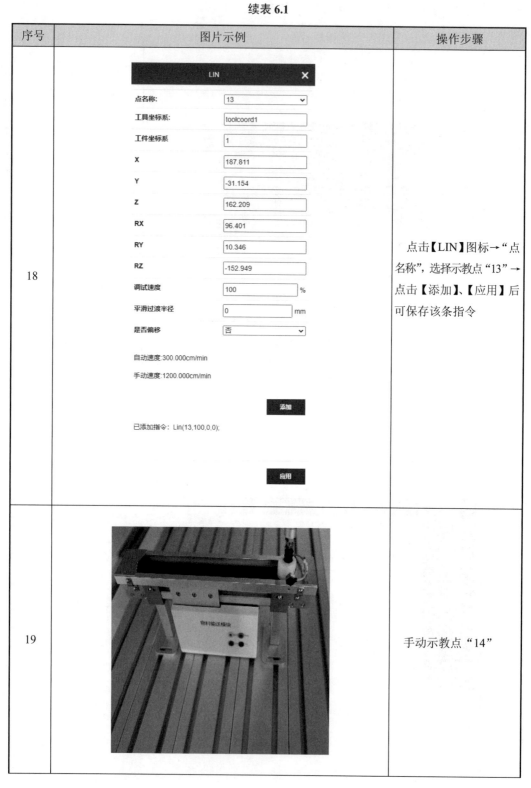	点击【LIN】图标→"点名称"，选择示教点"13"→点击【添加】、【应用】后可保存该条指令
19		手动示教点"14"

LIN ✕

点名称:	13 ▼
工具坐标系:	toolcoord1
工件坐标系	1
X	187.811
Y	-31.154
Z	162.209
RX	96.401
RY	10.346
RZ	-152.949
调试速度	100 %
平滑过渡半径	0 mm
是否偏移	否 ▼

自动速度:300.000cm/min

手动速度:1200.000cm/min

添加

已添加指令：Lin(13,100,0,0);

应用

续表 6.1

序号	图片示例	操作步骤
20		在示教点记录"14"→点击【添加】按钮
21		点击【LIN】图标→"点名称",选择示教点"14"→点击【添加】、【应用】后可保存该条指令

续表 **6.1**

序号	图片示例	操作步骤
22	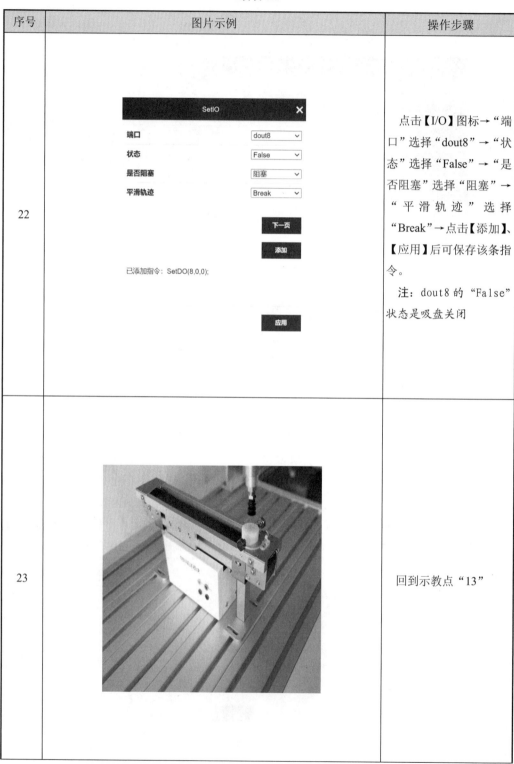	点击【I/O】图标→"端口"选择"dout8"→"状态"选择"False"→"是否阻塞"选择"阻塞"→"平滑轨迹"选择"Break"→点击【添加】、【应用】后可保存该条指令。 　　注：dout8的"False"状态是吸盘关闭
23	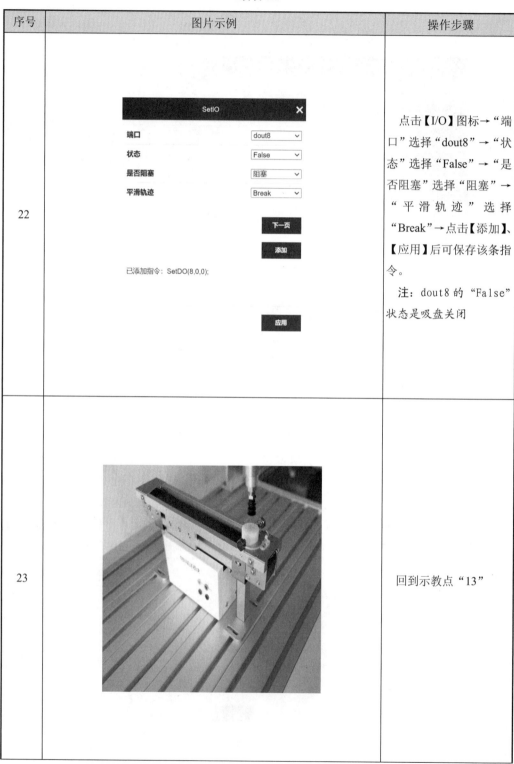	回到示教点"13"

续表 6.1

序号	图片示例	操作步骤
24	**LIN** ✕ 点名称： 13 工具坐标系： toolcoord1 工件坐标系 1 X 187.811 Y -31.154 Z 162.209 RX 96.401 RY 10.346 RZ -152.949 调试速度 100 % 平滑过渡半径 0 mm 是否偏移 否 自动速度:300.000cm/min 手动速度:1200.000cm/min 添加 已添加指令: Lin(13,100,0,0); 应用	点击【LIN】图标→"点名称"，选择示教点"13"→点击【添加】、【应用】后可保存该条指令
25		回到示教点"10"

续表 6.1

序号	图片示例	操作步骤
26	**LIN** ✕ 点名称: 10 ⌄ 工具坐标系: toolcoord1 工件坐标系 1 X -56.438 Y -84.692 Z 305.149 RX 95.498 RY 7.006 RZ -154.461 调试速度 100 % 平滑过渡半径 0 mm 是否偏移 否 ⌄ 自动速度:300.000cm/min 手动速度:600.000cm/min 添加 已添加指令：Lin(10,100,0,0); 应用	点击【LIN】图标→"点名称"，选择示教点"10"→点击【添加】、【应用】后可保存该条指令
27	□ shusongdai.lua　　　　☑ 1⤶ Lin(10,100,0,0)　　▷ ☑ 2⤶ Lin(11,100,0,0) 3⤶ Lin(12,100,0,0) 4⤶ SetDO(8,1,0) 5⤶ Lin(11,100,0,0) 6⤶ Lin(13,100,0,0) 7⤶ Lin(14,100,0,0) 8⤶ SetDO(8,0,0) 9⤶ Lin(13,100,0,0) 10⤶ Lin(10,100,0,0)	输送带搬运完整程序

6.4.4 关联程序设计

本项目无须关联程序设计。

6.4.5 项目程序调试

手动运行程序调试步骤见表 6.2。

表 6.2 手动运行程序调试

序号	图片示例	操作步骤
1	当前机器人模式　手动模式 切换模式	点击【🖐】
2	shusongdai.lua 1↦ Lin(10,100,0,0) 2↦ Lin(11,100,0,0) 3↦ Lin(12,100,0,0) 4↦ SetDO(8,1,0) 5↦ Lin(11,100,0,0) 6↦ Lin(13,100,0,0) 7↦ Lin(14,100,0,0) 8↦ SetDO(8,0,0) 9↦ Lin(13,100,0,0) 10↦ Lin(10,100,0,0)	在机器人手动运行模式下,移动至初始点后,调整速度,然后点击程序的蓝色高亮显示按钮,单步运行即可
3	▶ ■ ▶❘❘	程序运行过程中可以按停止按钮或者暂停按钮,暂停之后点击恢复按钮即可运行
4		项目程序总体调试

6.4.6 项目总体运行

自动运行程序调试步骤见表 6.3。

表 6.3 自动运行程序调试

序号	图片示例	操作步骤
1	当前机器人模式　自动模式 切换模式	点击【⟳】
2	示教程序运行确认　✕ 确认运行当前示教程序！ 取消　运行	在机器人自动运行之前，需确认当前示教程序是否运行
3	shusongdai.lua 1→ Lin(10,100,0,0) 2→ Lin(11,100,0,0) 3→ Lin(12,100,0,0) 4→ SetDO(8,1,0) 5→ Lin(11,100,0,0) 6→ Lin(13,100,0,0) 7→ Lin(14,100,0,0) 8→ SetDO(8,0,0) 9→ Lin(13,100,0,0) 10→ Lin(10,100,0,0)	在机器人自动运行模式下，移动至初始点后，调整速度，然后点击【▶】开始按钮即可
4	▶　■　▶❙❙	程序运行过程中可以停止或者暂停，暂停之后点击恢复按钮即可运行

续表 6.3

序号	图片示例	操作步骤
5	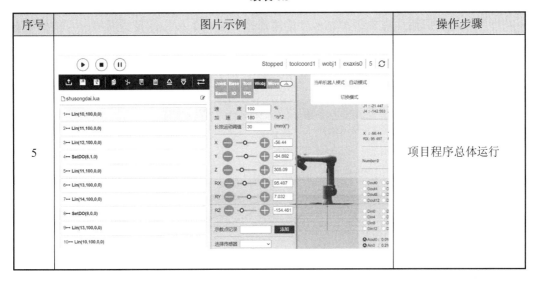	项目程序总体运行

6.5　项目验证

6.5.1　效果验证

项目运行完成后，得到的效果应如图 6.11 所示，吸盘从初始点直线运动到圆饼抬起点后，然后按照图 6.11 所示的路径进行运动，最后回到起始点。

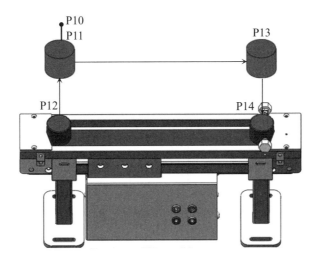

图 6.9　效果验证

6.5.2　数据验证

程序编写完成后，点击每一条程序的【命令行编辑】按钮即可查看每一点的位姿数据，通过点位信息也可验证程序的可行性，数据验证如图 6.10 所示。

图 6.10　数据验证

6.6　项目总结

6.6.1　项目评价

本项目主要利用输送带搬运模块，通过本项目的学习，可了解或掌握以下内容：

（1）了解输送带搬运项目应用的场景及项目的意义。

（2）掌握机器人的动作流程。

（3）掌握了如何使用 I/O 设置。

（4）掌握根据动作流程编写、调试及运行程序的方法。

6.6.2　项目拓展

通过本项目的学习，可以对项目进行以下拓展：

拓展项目：输送带实训模块上的传送带开启后，光电传感器检测到信号，圆饼状的搬运物料在摩擦力的作用下向模块的传感器一侧运动。

第7章 多工位旋转项目应用

7.1 项目概述

7.1.1 项目背景

❋ 多工位旋转项目应用介绍

步进电机的控制系统由控制器、步进驱动器和步进电机组成。基于 PLC 的步进电机运动控制系统，如图 7.1 所示，步进电机的运动控制是指 PLC 通过输出脉冲对步进电机的运动方向、运动速度和运动距离进行控制，实现对步进电机动作的准确定位。

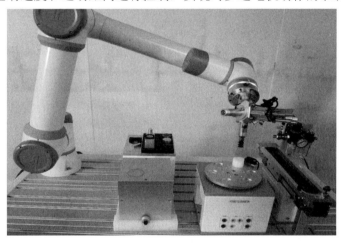

图 7.1 多工位旋转

7.1.2 项目需求

本项目通过 PLC 控制多工位旋转模块的步进电机是将电脉冲信号转变为角位移或线位移的开环控制元件。在非超载的情况下，电机的转速、停止的位置只取决于脉冲信号的频率和脉冲数，而不受负载变化的影响，当步进驱动器接收到一个脉冲信号，它就驱动步进电机按设定的方向转动一个固定的角度，称为"步距角"，其旋转是按固定的角度一步一步运行的。可以通过控制脉冲个数来控制角位移量，从而达到准确定位的目的；同时可以通过控制脉冲频率来控制电机转动的速度和加速度，从而达到调速的目的。项目需求效果如图 7.2 所示。

注：有关于 PLC 的使用软件和程序，本章不做介绍。

图 7.2 项目需求效果

7.1.3 项目目的

在本项目的学习训练中需达到以下目的：

（1）熟悉多工位旋转的流程及路径规划。

（2）了解步进电机的原理和控制方法。

（3）掌握机器人的运动指令。

（4）掌握机器人的编程、调试及运行方法。

7.2 项目分析

7.2.1 项目构架

本项目为多工位旋转项目应用，需要操作者用示教器进行手动示教。本项目的整体构架如图 7.3 所示，项目中需用到吸盘工具和光电传感器分别与控制箱内的 I/O 板采用电缆连接。光电传感器用于检测物料到来的信号。控制系统从示教器中检出相应信息，将指令信号反馈给控制箱，使执行机构按要求的动作顺序进行轨迹运动。

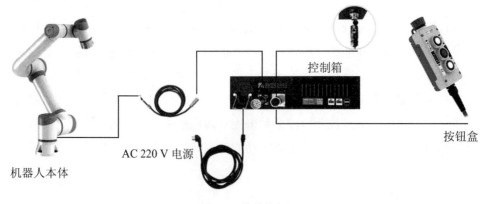

图 7.3 整体构架

7.2.2　项目流程

在基于多工位旋转项目实施过程中，需要包含以下环节：

（1）对项目进行分析，可知此项目需正常通电，驱动器收到 PLC 指令后，驱使步进电机转动使电机传递到转盘面板处。可事先放置 1 个或数个圆饼到任意工位中，当转盘面板在正常转动时，对物料进行检测，并在指向标处停住，机器人抓取工件至另一工位处。

（2）对项目所用到的工具及模块进行标定，这里使用吸盘及多工位旋转模块进行示教。

（3）创建程序，编写程序，调试检查程序，确认无误后运行程序，观察程序运行结果。整体的多工位旋转项目流程如图 7.4 所示。

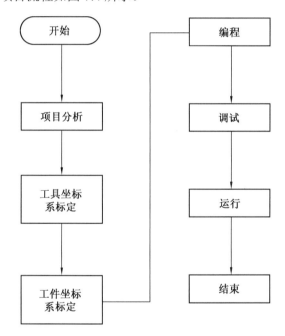

图 7.4　多工位旋转项目流程

7.3　项目要点

7.3.1　路径规划

HRG-HD1XKE 型工业机器人技能考核实训台包含一系列实训模块用于实操训练，在项目编程前需要安装多工位旋转模块和所需工具。

根据本项目要求，路径规划为初始点 P15→圆饼抬起点 P16→等待圆饼到位→圆饼抬取点 P17→圆饼抬起点 P16→圆饼抬起点 P18→圆饼放置点 P19→圆饼抬起点 P18→初始点 P15，如图 7.5 所示。

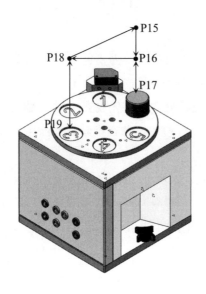

图 7.5 路径规划

7.3.2 I/O 设置

本项目是将多工位传感器检测信号输入到机器人数字输入端口 DI0，当光电传感器检测到圆饼物料时，DI0 置 1。机器人数字输出 DO8 是用于控制工具末端吸盘。

7.3.3 指令介绍

1. Wait 指令

在"等待时间"后方的输入框中输入等待时间，输入完毕之后，点击【添加】、【应用】即可保存。WaitTime 指令界面如图 7.6 所示。

图 7.6 WaitTime 指令界面

点击【下一页】后，选择需要等待的 I/O 端口号（dint0～dint15）和（Tooldint0～Tooldint1）；等待状态选项"False"为闭（表示为"0"），"True"为开（表示为"1"）；在

"最大时间"输入框中输入等待时间其范围为 0～10 000 ms；"等待超时处理"选项分别是"停止处理"（表示为"0"）、"继续执行"（表示为"1"）、"一直等待"（表示为"2"）。选择完毕后，点击【添加】、【应用】即可保存。WaitDI 指令界面如图 7.7 所示。

图 7.7　WaitDI 指令界面

2. I/O 指令

"SetDO/SPLCSetDO"指令包括 16 路控制箱数字输出（dout0～dout15）和 2 路工具数字输出（Tooldout0～Tooldout1）。"状态"选项"False"为闭（表示为"0"），"True"为开（表示为"1"）；"是否阻塞"选项选择"阻塞"表示运动停止后设置 DO 状态，选择"非阻塞"表示在上一条运动过程中设置 DO 状态；"平滑轨迹"选项选择"Break"表示在平滑过渡半径结束后设置 DO 状态（表示为"0"），选择"Serious"代表的是在平滑过渡半径运动过程中设置 DO 状态（表示为"1"）。选择完毕后，点击【添加】、【应用】即可保存。SetDO 指令界面如图 7.8 所示。

3. LIN 指令

LIN 指令可以选择需要到达的点，"调试速度"可设置范围为 0%～100%，平滑过渡半径可设置范围为 0～1 000 mm。并可在该点位姿上进行是否偏移设置，选择偏移，会弹出 X、Y、Z、RX、RY、RZ 偏移量设置，该指令达到点的路径为直线。选择完毕后，点击【添加】、【应用】即可保存。LIN 指令界面如图 7.9 所示。

139

图 7.8　SetDO 指令界面

图 7.9　LIN 指令界面

7.4 项目步骤

7.4.1 应用系统连接

HRG-HD1XKE 型工业机器人技能考核实训台包含一系列实训模块用于实操训练，在项目编程前需要安装多工位旋转模块和所需工具，系统连接框图如图 7.10 所示。

※ 多工位旋转项目应用步骤

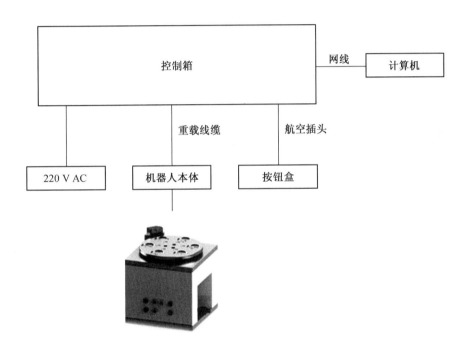

图 7.10 系统连接框图

7.4.2 应用系统配置

本项目无须应用系统配置。

7.4.3 主体程序设计

经过以上对项目的分析，多工位旋转项目应用整体的操作步骤见表 7.1。

表 7.1　多工位旋转操作步骤

序号	图片示例	操作步骤
1	**工具坐标系设置** 当前工具坐标系 坐标系名称　toolcoord1 X −64.359　Y −112.936　Z 120.771 RX −124.489　RY 40.407　RZ −47.850 工具类型　0　0:工具,1:传感器 安装位置　0　0:末端,1:外部 坐标系设置 取消修改　清除数据　应用 工具类型　工具 修改向导 X −64.359　Y −112.936　Z 120.771 RX −124.489　RY 40.407　RZ −47.850 取消　保存	利用六点法建立工具坐标系"toolcoord1"（"1"为坐标系编号，操作步骤详见 3.3.1）。如工具坐标系已创建完成，则无须再次创建
2	当前工件坐标系 坐标系名称　wobjcoord1 X 137.452　Y −385.124　Z 156.025 RX 1.233　RY 0.175　RZ −147.501 坐标系设置 取消修改　清除数据　应用 修改向导 X 137.452　Y −385.124　Z 156.025 RX 1.233　RY 0.175　RZ −147.501 取消　保存	利用三点法建立工件坐标系"wobjcoord1"（"1"为坐标系编号，操作步骤详见 3.3.2）。如工件坐标系已创建完成，则无须再次创建
3	新建文件 名称：duogongwei empty.lua 删除　新建	点击"新建"→"名称"输入"duogongwei"→点击"empty.lua"→点击【新建】完成设置

续表 7.1

序号	图片示例	操作步骤
4		手动示教点"15"
5		在示教点记录"15"→点击【添加】按钮

续表 7.1

序号	图片示例	操作步骤
6		点击【LIN】图标→"点名称"选择示教点"15"→点击【添加】、【应用】后可保存该条指令
7		手动示教点"16"

续表 7.1

序号	图片示例	操作步骤
8	 	在示教点记录"16"→ 点击【添加】按钮
9	 	点击【LIN】图标→"点 名称",选择示教点"16"→ 点击【添加】、【应用】后 可保存该条指令

145

续表 7.1

序号	图片示例	操作步骤
10	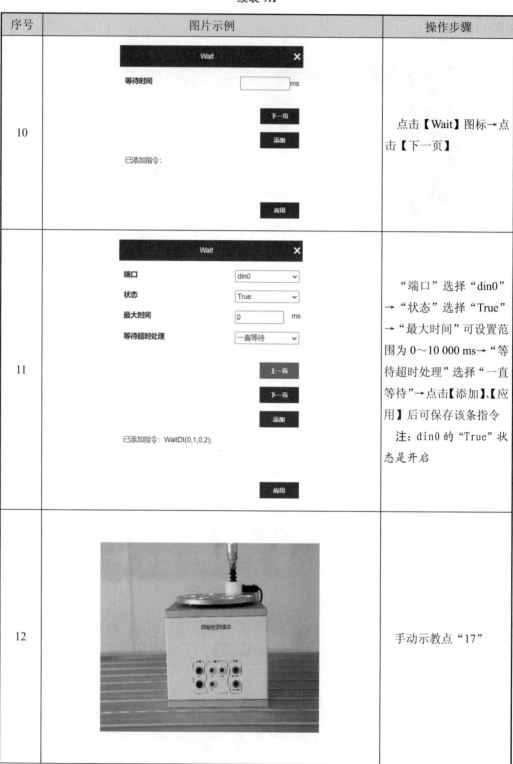	点击【Wait】图标→点击【下一页】
11		"端口"选择"din0"→"状态"选择"True"→"最大时间"可设置范围为 0~10 000 ms→"等待超时处理"选择"一直等待"→点击【添加】、【应用】后可保存该条指令 注：din0 的"True"状态是开启
12		手动示教点"17"

续表 7.1

序号	图片示例	操作步骤
13		在示教点记录"17"→点击【添加】按钮
14		点击【LIN】图标→"点名称",选择示教点"17"→点击【添加】、【应用】后可保存该条指令

147

续表 7.1

序号	图片示例	操作步骤
15	 SetIO 端口　　　dout8 状态　　　True 是否阻塞　阻塞 平滑轨迹　Break 下一页 添加 已添加指令：SetDO(8,1,0); 应用	点击【I/O】图标→"端口"选择"dout8"→"状态"选择"True"→"是否阻塞"选择"阻塞"→"平滑轨迹"选择"Break"→点击【添加】、【应用】后可保存该条指令 注：dout8 的"True"状态是吸盘开启
16		回到示教点"16"

续表 7.1

序号	图片示例	操作步骤
17		点击【LIN】图标→"点名称"，选择示教点"16"→点击【添加】、【应用】后可保存该条指令
18		手动示教点"18"

续表 7.1

序号	图片示例	操作步骤
19		在示教点记录"18"→点击【添加】按钮
20		点击【LIN】图标→"点名称"，选择示教点"18"→点击【添加】、【应用】后可保存该条指令

续表 7.1

序号	图片示例	操作步骤
21		手动示教点"19"
22		在示教点记录"19"→ 点击【添加】按钮

续表 7.1

序号	图片示例	操作步骤
23	**LIN** 点名称: 19 工具坐标系: toolcoord1 工件坐标系: 1 X 135.721 Y -80.790 Z 148.245 RX 95.523 RY 6.989 RZ -154.533 调试速度 100 % 平滑过渡半径 0 mm 是否偏移 否 自动速度:300.000cm/min 手动速度:1200.000cm/min 添加 已添加指令: Lin(19,100,0,0); 应用	点击【LIN】图标→"点名称"，选择示教点"19"→点击【添加】、【应用】后可保存该条指令
24	**SetIO** 端口 dout8 状态 False 是否阻塞 阻塞 平滑轨迹 Break 下一页 添加 已添加指令: SetDO(8,0,0); 应用	点击【I/O】图标→"端口"选择"dout8"→"状态"选择"False"→"是否阻塞"选择"阻塞"→"平滑轨迹"选择"Break"→点击【添加】、【应用】后可保存该条指令 注：dout8 的"False"状态是吸盘关闭

152

续表 7.1

序号	图片示例	操作步骤
25		回到示教点"18"
26	**LIN** ✕ 点名称：　18 工具坐标系：　toolcoord1 工件坐标系　1 X　135.714 Y　-80.806 Z　174.167 RX　95.521 RY　6.990 RZ　-154.527 调试速度　100　% 平滑过渡半径　0　mm 是否偏移　否 自动速度:300.000cm/min 手动速度:1200.000cm/min 添加 已添加指令：Lin(18,100,0,0); 应用	点击【LIN】图标→"点名称"，选择示教点"18"→点击【添加】、【应用】后可保存该条指令

153

续表 7.1

<table>
<tr><th>序号</th><th>图片示例</th><th>操作步骤</th></tr>
<tr><td>27</td><td>
伺服检测模块</td><td>回到示教点“15”</td></tr>
<tr><td>28</td><td>
LIN
点名称:
15
工具坐标系:
toolcoord1
工件坐标系
1
X
49.769
Y
-29.389
Z
283.493
RX
95.503
RY
7.004
RZ
-154.463
调试速度
100
%
平滑过渡半径
0
mm
是否偏移
否
自动速度:300.000cm/min
手动速度:1200.000cm/min
添加
已添加指令：Lin(15,100,0,0);
应用</td><td>点击【LIN】图标→“点名称”选择示教点“15”→点击【添加】、【应用】后可保存该条指令</td></tr>
</table>

续表 7.1

序号	图片示例	操作步骤
29	□ duogongwei.lua　　　　　　　　　☑ 1→ Lin(15,100,0,0)　　　　　　　⊙ ☑ 2→ Lin(16,100,0,0) 3→ WaitDI(0,1,0,2) 4→ Lin(17,100,0,0) 5→ SetDO(8,1,0) 6→ Lin(16,100,0,0) 7→ Lin(18,100,0,0) 8→ Lin(19,100,0,0) 9→ SetDO(8,0,0) 10→ Lin(18,100,0,0) 11→ Lin(15,100,0,0)	多工位旋转完整程序

7.4.4　关联程序设计

本项目无须关联程序设计。

7.4.5　项目程序调试

手动运行程序调试步骤见表 7.2。

表 7.2　手动运行程序调试

序号	图片示例	操作步骤
1	当前机器人模式　手动模式 切换模式	点击【🖐】
2	□ duogongwei.lua　　　　　　　　　☑ 1→ Lin(15,100,0,0)　　　　　　　⊙ ☑ 2→ Lin(16,100,0,0) 3→ WaitDI(0,1,0,2) 4→ Lin(17,100,0,0) 5→ SetDO(8,1,0) 6→ Lin(16,100,0,0) 7→ Lin(18,100,0,0) 8→ Lin(19,100,0,0) 9→ SetDO(8,0,0) 10→ Lin(18,100,0,0) 11→ Lin(15,100,0,0)	在机器人手动运行模式下，移动至初始点后，调整速度，然后点击程序的蓝色高亮显示按钮，单步运行即可

续表 7.2

序号	图片示例	操作步骤
3		程序运行过程中可以按停止按钮或者暂停按钮，暂停之后点击恢复按钮即可
4	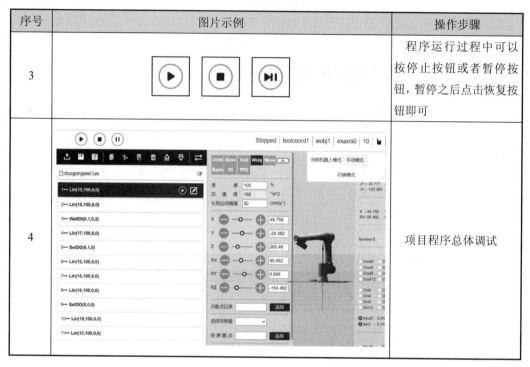	项目程序总体调试

156

7.4.6　项目总体运行

自动运行程序调试步骤见表 7.3。

表 7.3　自动运行程序调试

序号	图片示例	操作步骤
1	当前机器人模式　自动模式 切换模式	点击【🔄】
2	示教程序运行确认　✕ 确认运行当前示教程序！ 取消　　运行	在机器人自动运行之前，需确认当前示教程序是否运行

续表 7.2

序号	图片示例	操作步骤
3		在机器人自动运行模式下，移动至初始点后，调整速度，然后点击【 】开始按钮即可
4		程序运行过程中可以停止或者暂停，暂停之后点击恢复按钮即可
5		项目程序总体运行

7.5　项目验证

7.5.1　效果验证

项目运行完成后，得到的效果应如图 7.11 所示，吸盘从初始点直线运动到圆饼抬起点后，然后按照图 7.11 所示的路径进行运动，最后回到起始点。

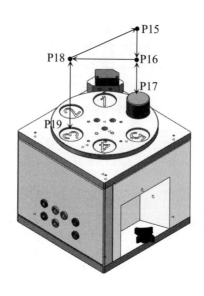

图 7.11　效果验证

7.5.2　数据验证

　　程序编写完成后，点击每一条程序的【命令行编辑】按钮即可查看每一点的位姿数据，通过点位信息也可验证程序的可行性，数据验证如图 7.10 所示。

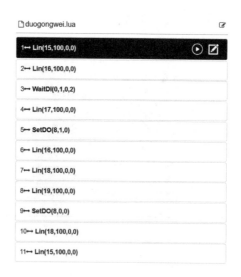

图 7.10　数据验证

7.6 项目总结

7.6.1 项目评价

本项目主要介绍了多工位旋转应用，通过本项目的学习，可了解或掌握以下内容：

（1）熟悉多工位旋转的流程及路径规划。

（2）了解步进电机的原理和控制方法。

（3）掌握机器人的运动指令。

（4）掌握机器人的编程、调试及运行方法。

7.6.2 项目拓展

通过本项目的学习，可以对项目进行以下拓展：

拓展项目：多工位旋转模块与综合功能模块结合，当多工位旋转模块检测到圆饼时，机器人抓取圆饼到综合功能模块。

第 8 章　定位装配项目应用

8.1　项目概述

8.1.1　项目背景

随着工业自动化的发展，电子元器件不断向小型化、精密化趋势发展，物料焊点日益密集，急需高效精准的检测体系确保制造品质。通过人力装配费时费力，而通过机器自动装配既可大幅提高生产效率，又可节约时间及人力成本。图8.1 所示为定位装配应用。

＊ 定位装配项目应用介绍

图 8.1　定位装配

8.1.2　项目需求

本项目为基于手动示教的定位装配项目，将不同位置的物料搬运到指定的定位装配位置依次进行装配，项目需求效果如图 8.2 所示。

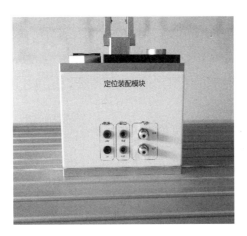

图 8.2　项目需求效果

8.1.3　项目目的

在本项目的学习训练中需达到以下目的：

（1）了解定位装配项目应用的场景及项目的意义。

（2）熟悉定位装配动作的流程及路径规划。

（3）掌握机器人 I/O 的设置。

（4）掌握机器人的编程、调试及运行方法。

8.2　项目分析

8.2.1　项目构架

本项目为定位装配项目应用，需要操作者用示教器进行手动示教。本项目的整体构架如图 8.3 所示。项目中需用到夹爪和气缸分别与控制箱内的 I/O 板采用电缆连接。控制系统从示教器中检出相应信息，将指令信号反馈给控制箱，使执行机构按要求的动作顺序进行轨迹运动。

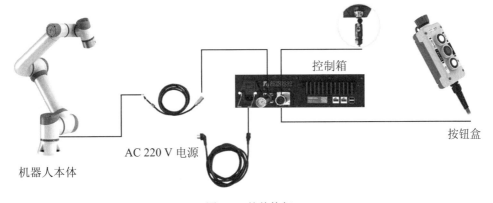

图 8.3　整体构架

161

8.2.2　项目流程

在基于定位装配项目实施过程中，需要包含以下环节：

（1）对项目分析和所用到的工具及模块进行标定，这里使用夹爪和气缸来实现装配并搬运物料的操作。

（2）创建程序，编写程序，调试检查程序，确认无误后运行程序，观察程序运行结果。

整体的定位装配项目流程如图 8.4 所示。

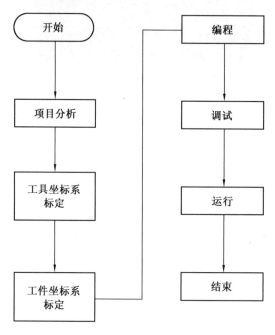

图 8.4　定位装配项目流程

8.3　项目要点

8.3.1　路径规划

HRG-HD1XKE 型工业机器人技能考核实训台包含一系列实训模块用于实操训练，在项目编程前需要安装定位装配模块和所需工具。

根据本项目要求，路径规划为夹爪抬起点 P20→底座抓取点 P21→底座抬起点 P20→底座抬起点 P22→底座放置点 P23→夹爪抬起点 P22→夹爪抬起点 P24→器心抓取点 P25→器心抬起点 P24→器心抬起点 P26→器心放置点 P27→夹爪抬起点 P26→夹爪抬起点 P20，如图 8.5 所示。

8.3.2　I/O 设置

本项目中 DO7 用于控制工具末端夹爪，DO5 用于控制定位装配的气缸打开。

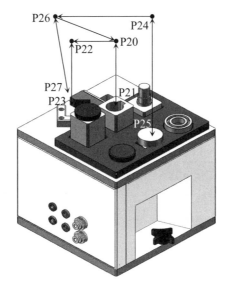

图 8.5　路径规划

8.3.3　指令介绍

1. I/O 指令

"SetDO/SPLCSetDO"指令包括 16 路控制箱数字输出（dout0～dout15）和 2 路工具数字输出（Tooldout0～Tooldout1）。"状态"选项"False"为闭（表示为"0"），"True"为开（表示为"1"）；"是否阻塞"选项选择"阻塞"表示运动停止后设置 DO 状态，选择"非阻塞"表示在上一条运动过程中设置 DO 状态；"平滑轨迹"选项选择"Break"表示在平滑过渡半径结束后设置 DO 状态（表示为"0"），选择"Serious"代表的是在平滑过渡半径运动过程中设置 DO 状态（表示为"1"）。选择完毕后，点击【添加】、【应用】即可保存。SetDO 指令界面如图 8.6 所示。

图 8.6　SetDO 指令界面

2. LIN 指令

LIN 指令可以选择需要到达的点，"调试速度"可设置范围为 0%～100%，"平滑过渡半径"可设置范围为 0～1 000 mm。并可在该点位姿上进行是否偏移设置，选择偏移，会弹出 X、Y、Z、RX、RY、RZ 偏移量设置，该指令达到点的路径为直线。选择完毕后，点击【添加】、【应用】即可保存。LIN 指令界面如图 8.7 所示。

图 8.7   LIN 指令界面

8.4　项目步骤

8.4.1　应用系统连接

HRG-HD1XKE 型工业机器人技能考核实训台包含一系列实训模块用于实操训练，在项目编程前需要安装定位装配模块和所需工具，系统连接框图如图 8.8 所示。

※　定位装配项目应用步骤

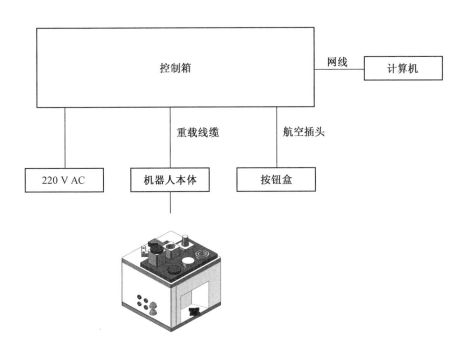

图 8.8　系统连接框图

165

8.4.2　应用系统配置

本项目无须应用系统配置。

8.4.3　主体程序设计

经过以上对项目的分析，定位装配项目应用整体的操作步骤见表 8.1。

表 8.1　定位装配操作步骤

序号	图片示例	操作步骤
1	**工具坐标系设置** 当前工具坐标系 坐标系名称　toolcoord1 X -64.359　Y -112.936　Z 120.771 RX -124.489　RY 40.407　RZ -47.850 工具类型　0　　0:工具,1:传感器 安装位置　0　　0:末端,1:外部 坐标系设置 取消修改　清除数据　应用 工具类型　工具 修改向导 X -64.359　Y -112.936　Z 120.771 RX -124.489　RY 40.407　RZ -47.850 取消　保存	利用六点法建立工具坐标系"toolcoord1"（"1"为坐标系编号，操作步骤详见3.3.1）。如工具坐标系已创建完成，则无须再次创建
2	当前工件坐标系 坐标系名称　wobjcoord1 X 137.452　Y -385.124　Z 156.025 RX 1.233　RY 0.175　RZ -147.501 坐标系设置 取消修改　清除数据　应用 修改向导 X 137.452　Y -385.124　Z 156.025 RX 1.233　RY 0.175　RZ -147.501 取消　保存	利用三点法建立工件坐标系"wobjcoord1"（"1"为坐标系编号，操作步骤详见3.3.2）。如工件坐标系已创建完成，则无须再次创建

续表 8.1

序号	图片示例	操作步骤
3	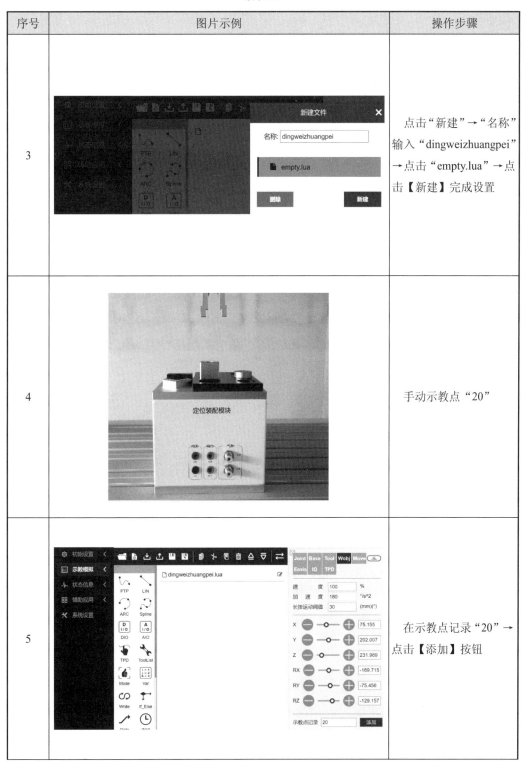	点击"新建"→"名称"输入"dingweizhuangpei"→点击"empty.lua"→点击【新建】完成设置
4		手动示教点"20"
5		在示教点记录"20"→点击【添加】按钮

续表 8.1

序号	图片示例	操作步骤
6		点击【LIN】图标→"点名称"选择示教点"20"→点击【添加】、【应用】后可保存该条指令
7		手动示教点"21"

续表 8.1

序号	图片示例	操作步骤
8		在示教点记录"21"→点击【添加】按钮
9		点击【LIN】图标→"点名称"选择示教点"21"→点击【添加】、【应用】后可保存该条指令

续表 **8.1**

序号	图片示例	操作步骤
10	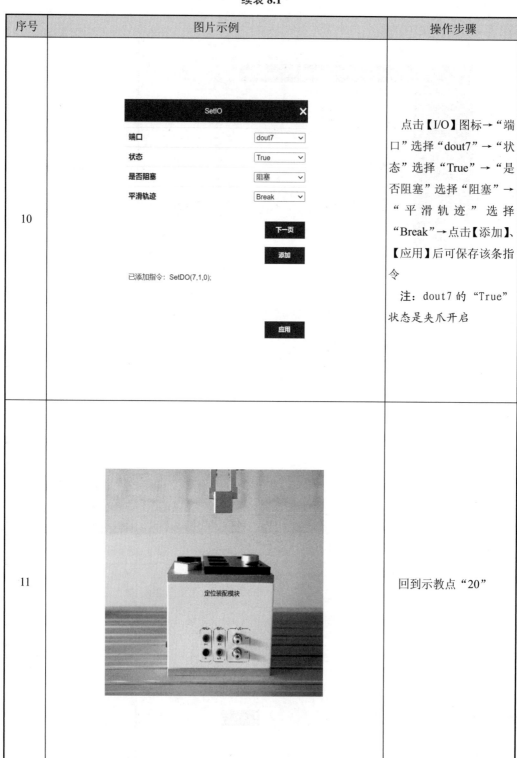	点击【I/O】图标→"端口"选择"dout7"→"状态"选择"True"→"是否阻塞"选择"阻塞"→"平滑轨迹"选择"Break"→点击【添加】、【应用】后可保存该条指令 注：dout7 的"True"状态是夹爪开启
11		回到示教点"20"

续表 8.1

序号	图片示例	操作步骤
12	**LIN** ✕ 点名称： 20 工具坐标系： toolcoord1 工件坐标系 1 X 75.155 Y 202.022 Z 232.014 RX -169.615 RY -75.488 RZ -129.272 调试速度 100 % 平滑过渡半径 0 mm 是否偏移 否 自动速度:300.000cm/min 手动速度:600.000cm/min 添加 已添加指令：Lin(20,100,0,0), 应用	点击【LIN】图标→"点名称"选择示教点"20"→点击【添加】、【应用】后可保存该条指令
13		手动示教点"22"

续表 8.1

序号	图片示例	操作步骤
14	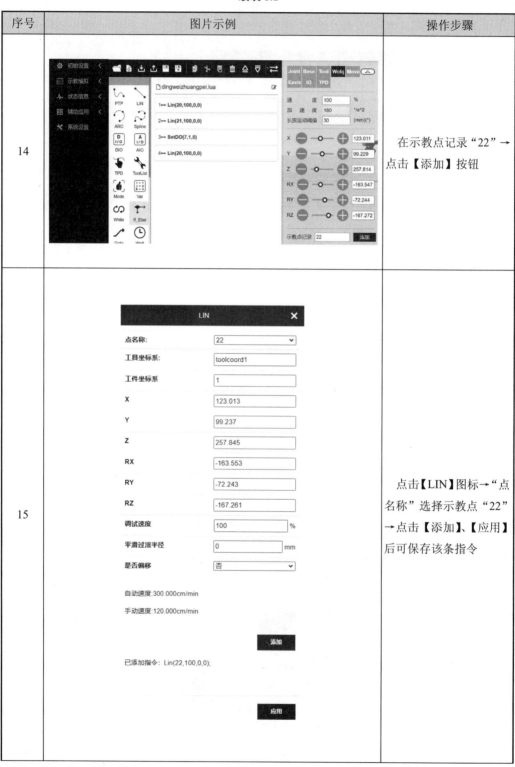	在示教点记录"22"→点击【添加】按钮
15		点击【LIN】图标→"点名称"选择示教点"22"→点击【添加】、【应用】后可保存该条指令

续表 8.1

序号	图片示例	操作步骤
16	定位装配模块	手动示教点"23"
17		在示教点记录"23"→点击【添加】按钮

续表 **8.1**

序号	图片示例	操作步骤
18	**LIN** ✕ 点名称： 23 工具坐标系： toolcoord1 工件坐标系 1 X 158.839 Y 53.999 Z 159.235 RX -169.958 RY -72.775 RZ -177.138 调试速度 100 % 平滑过渡半径 0 mm 是否偏移 否 自动速度:300.000cm/min 手动速度:120.000cm/min 添加 已添加指令：Lin(23,100,0,0); 应用	点击【LIN】图标→"点名称"选择示教点"23"→点击【添加】、【应用】后可保存该条指令
19	**SetIO** ✕ 端口 dout7 状态 False 是否阻塞 阻塞 平滑轨迹 Break 下一页 添加 已添加指令：SetDO(7,0,0); 应用	点击【I/O】图标→"端口"选择"dout7"→"状态选"择"False"→"是否阻塞"选择"阻塞"→"平滑轨迹"选择"Break"→点击【添加】、【应用】后可保存该条指令 注：dout7 的"False"状态是夹爪关闭

续表 8.1

序号	图片示例	操作步骤
20		回到示教点"22"
21		点击【LIN】图标→"点名称"选择示教点"22"→点击【添加】、【应用】后可保存该条指令

续表 8.1

序号	图片示例	操作步骤
22	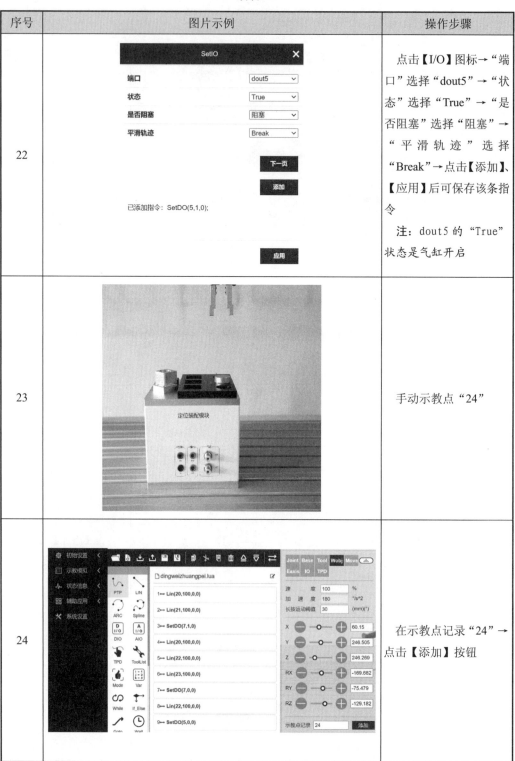	点击【I/O】图标→"端口"选择"dout5"→"状态"选择"True"→"是否阻塞"选择"阻塞"→"平滑轨迹"选择"Break"→点击【添加】、【应用】后可保存该条指令 注：dout5 的"True"状态是气缸开启
23		手动示教点"24"
24		在示教点记录"24"→点击【添加】按钮

续表 8.1

序号	图片示例	操作步骤
25	LIN　✕ 点名称：　24 工具坐标系：　toolcoord1 工件坐标系　1 X　60.115 Y　246.524 Z　246.311 RX　-169.685 RY　-75.475 RZ　-129.178 调试速度　100　% 平滑过渡半径　0　mm 是否偏移　否 自动速度:300.000cm/min 手动速度:120.000cm/min 添加 已添加指令：Lin(24,100,0,0); 应用	点击【LIN】图标→"点名称"选择示教点"24"→点击【添加】、【应用】后可保存该条指令
26		手动示教点"25"

177

续表 **8.1**

序号	图片示例	操作步骤
27		在示教点记录"25"→点击【添加】按钮
28		点击【LIN】图标→"点名称"选择示教点"25"→点击【添加】、【应用】后可保存该条指令

续表 8.1

序号	图片示例	操作步骤
29		点击【I/O】图标→"端口"选择"dout7"→"状态"选择"True"→"是否阻塞"选择"阻塞"→"平滑轨迹"选择"Break"→点击【添加】、【应用】后可保存该条指令 注：dout7 的"True"状态是夹爪开启
30		回到示教点"24"

续表 8.1

序号	图片示例	操作步骤
31		点击【LIN】图标→"点名称"选择示教点"24"→点击【添加】、【应用】后可保存该条指令
32		手动示教点"26"

续表 8.1

序号	图片示例	操作步骤
33	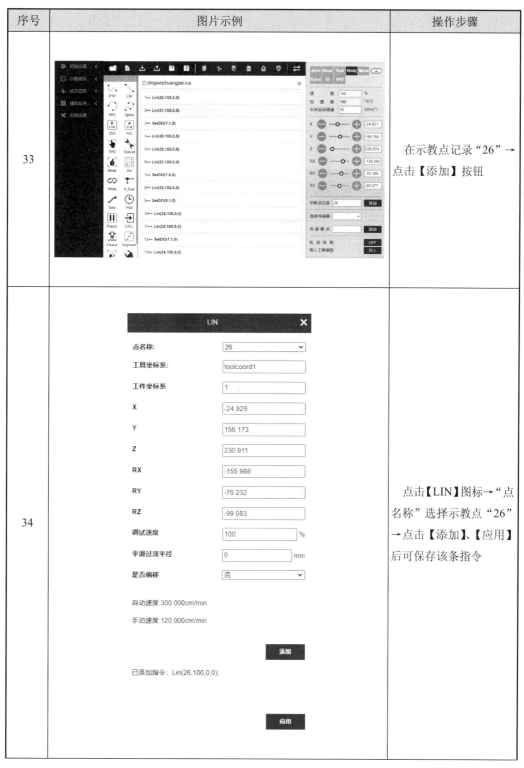	在示教点记录 "26" → 点击【添加】按钮
34		点击【LIN】图标→ "点名称" 选择示教点 "26" →点击【添加】、【应用】后可保存该条指令

续表 **8.1**

序号	图片示例	操作步骤
35		手动示教点"27"
36		在示教点记录"27"→点击【添加】按钮

续表 8.1

序号	图片示例	操作步骤
37	LIN ✕ 点名称: 27 工具坐标系: toolcoord1 工件坐标系: 1 X -24.935 Y 156.212 Z 182.225 RX -155.989 RY -76.232 RZ -99.082 调试速度 100 % 平滑过渡半径 0 mm 是否偏移 否 自动速度:300.000cm/min 手动速度:120.000cm/min 添加 已添加指令：Lin(27,100,0,0); 应用	点击【LIN】图标→"点名称"选择示教点"27"→点击【添加】、【应用】后可保存该条指令
38	SetIO ✕ 端口 dout7 状态 False 是否阻塞 阻塞 平滑轨迹 Break 下一页 添加 已添加指令：SetDO(7,0,0); 应用	点击"I/O"图标→"端口"选择"dout7"→"状态"选择"False"→"是否阻塞"选择"阻塞"→"平滑轨迹"选择"Break"→点击【添加】、【应用】后可保存该条指令 注：dout7的"False"状态是夹爪关闭

续表 8.1

序号	图片示例	操作步骤
39	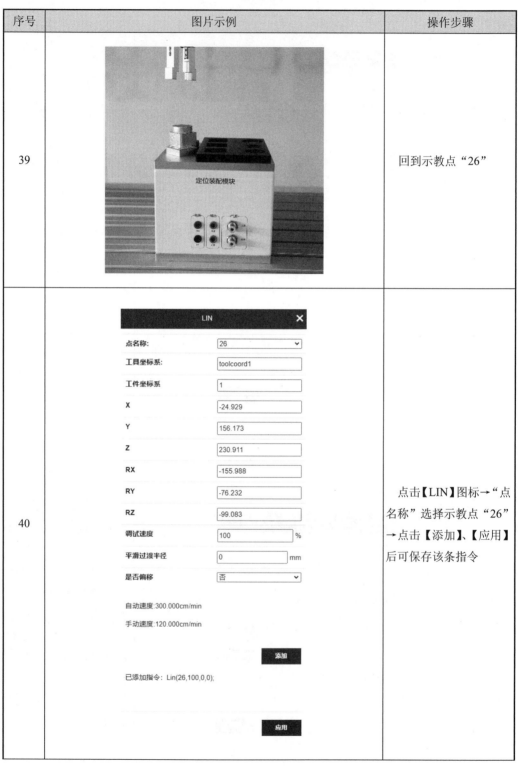	回到示教点"26"
40		点击【LIN】图标→"点名称"选择示教点"26"→点击【添加】、【应用】后可保存该条指令

定位装配模块

LIN ✕

点名称: 26

工具坐标系: toolcoord1

工件坐标系 1

X -24.929

Y 156.173

Z 230.911

RX -155.988

RY -76.232

RZ -99.083

调试速度 100 %

平滑过渡半径 0 mm

是否偏移 否

自动速度:300.000cm/min

手动速度:120.000cm/min

添加

已添加指令：Lin(26,100,0,0);

应用

续表 8.1

序号	图片示例	操作步骤
41	定位装配模块	回到示教点"20"
42	**LIN** ✕ 点名称:　　　　20 工具坐标系:　　toolcoord1 工件坐标系　　1 X　　　　　　75.155 Y　　　　　　202.022 Z　　　　　　232.014 RX　　　　　-169.615 RY　　　　　-75.488 RZ　　　　　-129.272 调试速度　　　100　　% 平滑过渡半径　0　　mm 是否偏移　　　否 自动速度:300.000cm/min 手动速度:600.000cm/min 添加 已添加指令: Lin(20,100,0,0); 应用	点击【LIN】图标→"点名称"选择示教点"20"→点击【添加】、【应用】后可保存该条指令

续表 8.1

序号	图片示例	操作步骤
43	dingweizhuangpei.lua 1 Lin(20,100,0,0) 2 Lin(21,100,0,0) 3 SetDO(7,1,0) 4 Lin(20,100,0,0) 5 Lin(22,100,0,0) 6 Lin(23,100,0,0) 7 SetDO(7,0,0) 8 Lin(22,100,0,0) 9 SetDO(5,1,0) 10 Lin(24,100,0,0) 11 Lin(25,100,0,0) 12 SetDO(7,1,0) 13 Lin(24,100,0,0) 14 Lin(26,100,0,0) 15 Lin(27,100,0,0) 16 SetDO(7,0,0) 17 Lin(26,100,0,0) 18 Lin(20,100,0,0)	定位装配完整程序

8.4.4 关联程序设计

本项目无须关联程序设计。

8.4.5 项目程序调试

手动运行程序调试步骤见表 8.2。

表 8.2 手动运行程序调试

序号	图片示例	操作步骤
1	当前机器人模式　手动模式 切换模式	点击【🖐】

续表 8.2

序号	图片示例	操作步骤
2		在机器人手动运行模式下，移动至初始点后，调整速度，然后点击程序的蓝色高亮显示按钮，单步运行即可
3		程序运行过程中可以按停止按钮或者暂停按钮，暂停之后点击恢复按钮即可运行
4		项目程序总体调试

8.4.6　项目总体运行

自动运行程序调试步骤见表 8.3。

表 8.3　自动运行程序调试

序号	图片示例	操作步骤
1	当前机器人模式　自动模式 切换模式	点击【 ⟳ 】
2	示教程序运行确认　✕ 确认运行当前示教程序! 取消　运行	在机器人自动运行之前，需确认当前示教程序是否运行
3	dingweizhuangpei.lua 1↔ Lin(20,100,0,0) 2↔ Lin(21,100,0,0) 3↔ SetDO(7,1,0) 4↔ Lin(20,100,0,0) 5↔ Lin(22,100,0,0) 6↔ Lin(23,100,0,0) 7↔ SetDO(7,0,0) 8↔ Lin(22,100,0,0) 9↔ SetDO(5,1,0) 10↔ Lin(24,100,0,0) 11↔ Lin(25,100,0,0) 12↔ SetDO(7,1,0) 13↔ Lin(24,100,0,0) 14↔ Lin(26,100,0,0) 15↔ Lin(27,100,0,0) 16↔ SetDO(7,0,0) 17↔ Lin(26,100,0,0) 18↔ Lin(20,100,0,0)	在机器人自动运行模式下，移动至初始点后，调整速度，然后点击【 ▷ 】开始按钮即可
4	▶　■　▶❙	程序运行过程中可以停止或者暂停，暂停之后点击恢复按钮即可运行

188

续表 8.3

序号	图片示例	操作步骤
5		项目程序总体调试

8.5 项目验证

8.5.1 效果验证

项目运行完成后，得到的效果应如图 8.9 所示，夹爪从抬起点，直线运动到底座抓取点后，然后按照图 8.9 所示的路径进行运动，最后回到夹爪抬起点。

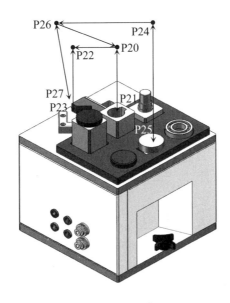

图 8.9 效果验证

8.5.2　数据验证

程序编写完成后，点击每一条程序的【命令行编辑】按钮即可查看每一点的位姿数据，通过点位信息也可验证程序的可行性，数据验证如图 8.10 所示。

图 8.10　数据验证

8.6　项目总结

8.6.1　项目评价

本项目主要介绍了定位装配应用，通过本项目的学习，可了解或掌握以下内容：

（1）了解定位装配项目应用的场景及项目的意义。

（2）熟悉定位装配动作的流程及路径规划。

（3）掌握机器人 I/O 的设置。

（4）掌握机器人的编程、调试及运行方法。

8.6.2　项目拓展

通过本项目的学习，可以对项目进行以下拓展：

拓展项目：利用循环指令实现定位装配项目。

第 9 章　物料搬运项目应用

9.1　项目概述

9.1.1　项目背景

　　搬运机器人在解决劳动力不足，提高劳动生产效率，降低生产成本，改善生产环境等方面具有很大潜力。搬运机器人有着丰富多样的抓手形式，可广泛应用于饲料、化肥、石化、食品、药品、日化等多种行业。图 5.1 所示为物料搬运。

　　❋　物料搬运项目应用介绍

图 9.1　物料搬运

9.1.2　项目需求

　　本项目为基于手动示教的物料搬运项目，通过多工位模块将圆饼搬运到输送带的一端，在输送带实训模块上的传送带开启后，圆饼状的搬运物料在摩擦力的作用下向模块的传感器一侧运动，当数字输入端口接收到来料检测传感器输出的来料信号时，机器人按规划路径运动，并在预定位置通过数字输出信号控制吸盘吸取和释放物料。项目需求效果如图 9.2 所示。

图 9.2 项目需求效果

9.1.3 项目目的

在本项目的学习训练中需达到以下目的：

（1）熟悉了解物料搬运项目应用的场景及项目的意义。

（2）熟悉物料搬运动作的流程及路径规划。

（3）掌握机器人 I/O 的设置。

（4）掌握机器人的编程、调试及运行方法。

9.2 项目分析

9.2.1 项目构架

本项目为物料搬运项目应用，需要操作者用示教器进行手动示教。本项目的整体构架如图 9.3 所示。项目中需用到吸盘工具和光电传感器分别与控制箱内的 I/O 板采用电缆连接。光电传感器用于检测物料到来的信号。控制系统从示教器中检出相应信息，将指令信号反馈给控制箱，使执行机构按要求的动作顺序进行轨迹运动。

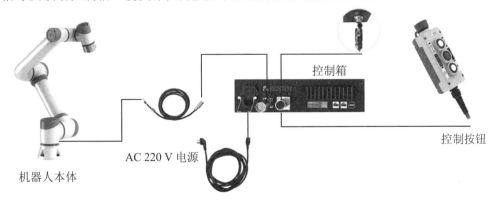

控制箱

控制按钮

AC 220 V 电源

机器人本体

图 9.3 整体构架

193

9.2.2　项目流程

在基于物料搬运项目实施过程中，需要包含以下环节：

（1）对项目分析和所用到的工具及模块进行标定，这里使用吸盘来实现物料搬运的操作。

（2）创建程序，编写程序，调试检查程序，确认无误后运行程序，观察程序运行结果。

整体的基于手动示教的物料搬运项目流程如图 9.4 所示。

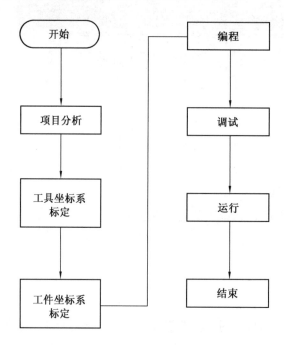

图 9.4　物料搬运项目流程

9.3　项目要点

9.3.1　路径规划

HRG-HD1XKE 型工业机器人技能考核实训台包含一系列实训模块用于实操训练，在项目编程前需要安装物料搬运模块和所需工具。

根据本项目要求，路径规划为传送带开启→初始点 P28→圆饼抬起点 P29→圆饼拾取点 P30→圆饼抬起点 P29→圆饼抬起点 P31→圆饼放置点 P32→圆饼抬起点 P31→等待传感器信号→圆饼抬起点 P33→圆饼抓取点 P34→圆饼抬起点 P33→圆饼抬起点 P29→圆饼放置点 P30→初始点 P28，如图 9.5 所示。

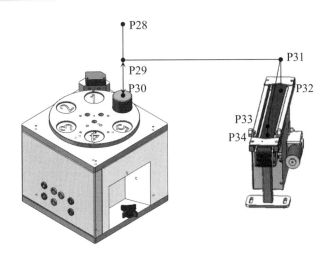

图 9.5 路径规划

9.3.2 I/O 设置

本项目中光电传感器将检测到的信号输入到机器人数字输入端口 DI0，当检测到物料时，DI0 置 1；机器人数字输出 DO8 用于控制工具末端吸盘。当光电传感器检测到信号，机器人数字输出端口 DO6 是用于输送带开关。

9.3.3 指令介绍

1. Wait 指令

在"等待时间"后方的输入框中输入等待时间，输入完毕之后，点击【添加】、【应用】即可保存。WaitTime 指令界面如图 9.6 所示。

图 9.6 WaitTime 指令界面

点击"下一页"后，选择需要等待的 IO 端口号（dint0~dint 15）和（Tooldint0~Tooldint 1）；等待状态选项"False"为闭（表示为"0"），"True"为开（表示为"1"）；在"最大时间"输入框中输入等待时间，其范围为 0～10 000 ms；"等待超时处理"选项分别是"停止处理"（表示为"0"），"继续执行"（表示为"1"）、"一直等待"（表示为"2"）。选择完毕后，点击【添加】、【应用】即可保存。WaitDI 指令界面如图 9.7 所示。

图 9.7　WaitDI 指令界面

2. I/O 指令

"SetDO/SPLCSetDO"指令包括 16 路控制箱数字输出（dout0～dout15）和 2 路工具数字输出（Tooldout0～Tooldout1）。状态选项"False"为闭（表示为"0"），"True"为开（表示为"1"）；"是否阻塞"选项选择"阻塞"表示运动停止后设置 DO 状态，选择"非阻塞"选项表示在上一条运动过程中设置 DO 状态；"平滑轨迹"选项选择"Break"表示在平滑过渡半径结束后设置 DO 状态（表示为"0"），选择"Serious"代表的是在平滑过渡半径运动过程中设置 DO 状态（表示为"1"）。选择完毕后，点击【添加】、【应用】即可保存。SetDO 指令界面如图 9.8 所示。

3. LIN 指令

LIN 指令可以选择需要到达的点，"调试速度"可设置范围为 0%～100%，"平滑过渡半径"可设置范围为 0～1 000 mm。并可在该点位姿上进行是否偏移设置，选择偏移，会弹出 X、Y、Z、RX、RY、RZ 偏移量设置，该指令达到点的路径为直线。点击【添加】、【应用】即可保存。LIN 指令界面如图 9.9 所示。

SetIO	
端口	dout8
状态	True
是否阻塞	阻塞
平滑轨迹	Break

下一页

添加

已添加指令：SetDO(8,1,0);

应用

图 9.8　SetDO 指令界面

LIN	
点名称：	28
工具坐标系：	toolcoord1
工件坐标系	1
X	74.146
Y	108.234
Z	267.592
RX	93.893
RY	4.698
RZ	-48.509
调试速度	100　%
平滑过渡半径	0　mm
是否偏移	否

自动速度:300.000cm/min

手动速度:480.000cm/min

添加

已添加指令：Lin(28,100,0,0);

应用

图 9.9　LIN 指令界面

197

9.4 项目步骤

9.4.1 应用系统连接

HRG-HD1XKE 型工业机器人技能考核实训台包含一系列实训模块用于实操训练，在项目编程前需要安装物料搬运模块和所需工具，系统连接框图如图 9.10 所示。

※ 物料搬运项目应用步骤

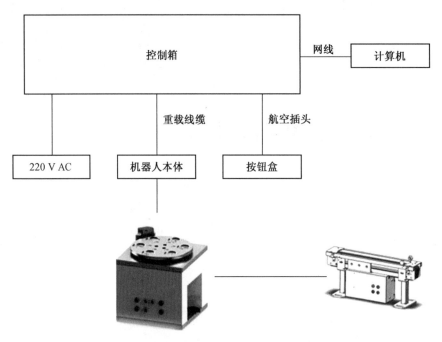

图 9.10 系统连接框图

9.4.2 应用系统配置

本项目无需应用系统配置。

9.4.3 主体程序设计

经过以上对项目的分析，物料搬运项目应用整体的操作步骤见表 9.1。

表 9.1　物料搬运操作步骤

序号	图片示例	操作步骤
1	**工具坐标系设置** 当前工具坐标系 坐标系名称　toolcoord1 X　-64.359　Y　-112.936　Z　120.771 RX　-124.489　RY　40.407　RZ　-47.850 工具类型　0　　0:工具,1:传感器 安装位置　0　　0:末端,1:外部 坐标系设置 取消修改　清除数据　应用 工具类型　工具 修改向导 X　-64.359　Y　-112.936　Z　120.771 RX　-124.489　RY　40.407　RZ　-47.850 取消　保存	利用六点法建立工具坐标系"toolcoord1"（"1"为坐标系编号，操作步骤详见 3.3.1）。如工具坐标系已创建完成，则无需再次创建
2	当前工件坐标系 坐标系名称　wobjcoord1 X　137.452　Y　-385.124　Z　156.025 RX　1.233　RY　0.175　RZ　-147.501 坐标系设置 取消修改　清除数据　应用 修改向导 X　137.452　Y　-385.124　Z　156.025 RX　1.233　RY　0.175　RZ　-147.501 取消　保存	利用三点法建立工件坐标系"wobjcoord1"（"1"为坐标系编号，操作步骤详见 3.3.2）。如工件坐标系已创建完成，则无须再次创建

199

续表 9.1

序号	图片示例	操作步骤
3		点击"新建"→"名称"输入"wuliao"→点击"empty.lua"→点击【新建】完成设置
4		点击【I/O】图标→"端口"选择"dout6"→"状态"选择"True"→"是否阻塞"选择"阻塞"→"平滑轨迹"选择"Break"→点击【添加】、【应用】后可保存该条指令 注：dout6 的"True"状态是输送带开启
5		手动示教点"28"

续表 9.1

序号	图片示例	操作步骤
6		在示教点记录"28"→点击【添加】按钮
7		点击【LIN】图标→"点名称"选择示教点"28"→点击【添加】、【应用】后可保存该条指令

201

续表 9.1

序号	图片示例	操作步骤
8		手动示教点"29"
9		在示教点记录"29"→点击【添加】按钮

续表 9.1

序号	图片示例	操作步骤
10		点击【LIN】图标→"点名称"选择示教点"29"→点击【添加】、【应用】后可保存该条指令
11		手动示教点"30"

续表 9.1

序号	图片示例	操作步骤
12	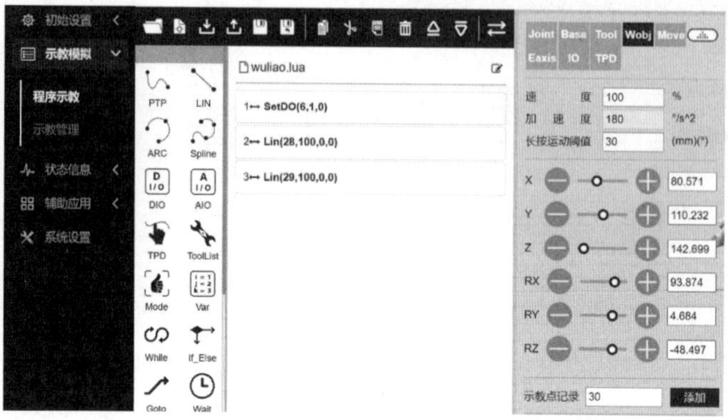	在示教点记录"30"→点击【添加】按钮
13		点击【LIN】图标→"点名称"选择示教点"30"→点击【添加】、【应用】后可保存该条指令

204

续表 9.1

序号	图片示例	操作步骤
14		点击【I/O】图标→"端口"选择"dout8"→"状态"选择"True"→"是否阻塞"选择"阻塞"→"平滑轨迹"选择"Break"→点击【添加】、【应用】后可保存该条指令 　　注：dout8 的"True"状态是吸盘开启
15		回到示教点"29"

续表 9.1

序号	图片示例	操作步骤
16		点击【LIN】图标→"点名称"选择示教点"29"→点击【添加】、【应用】后可保存该条指令
17		手动示教点"31"

续表 9.1

序号	图片示例	操作步骤
18	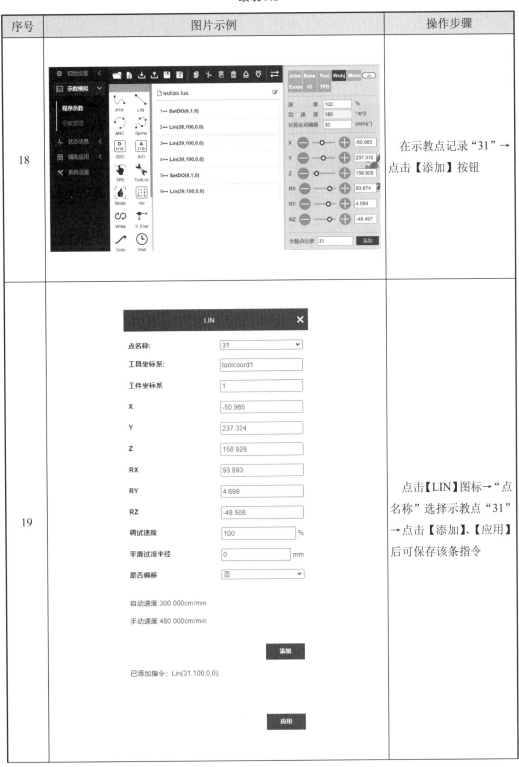	在示教点记录"31"→点击【添加】按钮
19		点击【LIN】图标→"点名称"选择示教点"31"→点击【添加】、【应用】后可保存该条指令

续表 9.1

序号	图片示例	操作步骤
20		手动示教点"32"
21		在示教点记录"32"→ 点击【添加】按钮

续表 9.1

序号	图片示例	操作步骤
22	**LIN**　✕ 点名称：　32 工具坐标系：　toolcoord1 工件坐标系　1 X　-50.976 Y　237.286 Z　127.204 RX　93.893 RY　4.698 RZ　-48.509 调试速度　100 % 平滑过渡半径　0 mm 是否偏移　否 自动速度 300.000cm/min 手动速度 480.000cm/min 添加 已添加指令：Lin(32,100,0,0); 应用	点击【LIN】图标→"点名称"选择示教点"32"→点击【添加】、【应用】后可保存该条指令
23	**SetIO**　✕ 端口　dout8 状态　False 是否阻塞　阻塞 平滑轨迹　Break 下一页 添加 已添加指令：SetDO(8,0,0); 应用	点击【I/O】图标→"端口"选择"dout8"→"状态"选择"False"→"是否阻塞"选择"阻塞"→"平滑轨迹"选择"Break"→点击【添加】、【应用】后可保存该条指令 注：dout8 的"False"状态是吸盘关闭

209

续表 9.1

序号	图片示例	操作步骤
24		回到示教点"31"
25	**LIN** ✕ 点名称： 31 工具坐标系： toolcoord1 工件坐标系 1 X −50.965 Y 237.324 Z 158.928 RX 93.893 RY 4.698 RZ −48.508 调试速度 100 % 平滑过渡半径 0 mm 是否偏移 否 自动速度:300.000cm/min 手动速度:480.000cm/min 添加 已添加指令： Lin(31,100,0,0); 应用	点击【LIN】图标→"点名称"选择示教点"31"→点击【添加】、【应用】后可保存该条指令

续表 9.1

序号	图片示例	操作步骤
26		点击【Wait】图标→点击【下一页】
27		端口选择"din0"→"状态"选择"True"→"最大时间"可设置范围为 0～10 000 ms→"等待超时处理"选择"一直等待"→点击【添加】、【应用】后可保存该条指令 注：din0 的"True"状态是开启
28		手动示教点"33"

211

续表 9.1

序号	图片示例	操作步骤
29		在示教点记录"33"→点击【添加】按钮
30		点击【LIN】图标→"点名称"选择示教点"33"→点击【添加】、【应用】后可保存该条指令

续表 9.1

序号	图片示例	操作步骤
31		手动示教点"34"
32		在示教点记录"34" → 点击【添加】按钮

续表 9.1

序号	图片示例	操作步骤
33	LIN ✕ 点名称: 34 工具坐标系: toolcoord1 工件坐标系 1 X 197.869 Y 294.936 Z 130.632 RX 93.893 RY 4.698 RZ -48.507 调试速度 100 % 平滑过渡半径 0 mm 是否偏移 否 自动速度:300.000cm/min 手动速度:480.000cm/min 添加 已添加指令：Lin(34,100,0,0); 应用	点击【LIN】图标→"点名称"选择示教点"34"→点击【添加】、【应用】后可保存该条指令
34	SetIO ✕ 端口 dout8 状态 True 是否阻塞 阻塞 平滑轨迹 Break 下一页 添加 已添加指令：SetDO(8,1,0); 应用	点击【I/O】图标→"端口"选择"dout8"→"状态"选择"True"→"是否阻塞"选择"阻塞"→"平滑轨迹"选择"Break"→点击【添加】、【应用】后可保存该条指令 注：dout8 的"True"状态是吸盘开启

续表 9.1

序号	图片示例	操作步骤
35		回到示教点"33"
36		点击【LIN】图标→"点名称"选择示教点"33"→点击【添加】、【应用】后可保存该条指令

215

续表 9.1

序号	图片示例	操作步骤
37	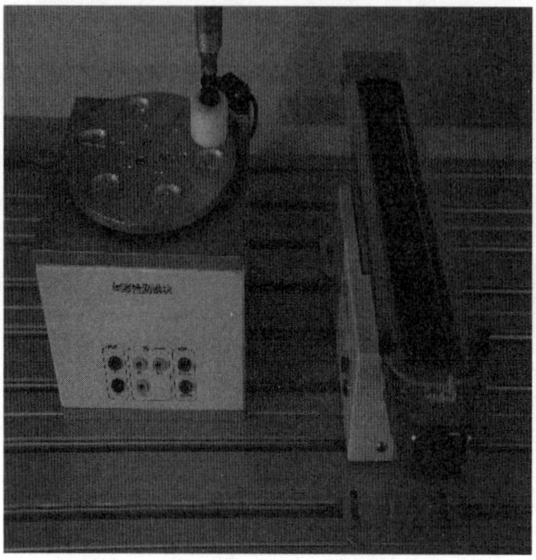	回到示教点"29"
38		点击【LIN】图标→"点名称"选择示教点"29"→点击【添加】、【应用】后可保存该条指令

216

续表 9.1

序号	图片示例	操作步骤
39		回到示教点 "30"
40	**LIN** ✕ 点名称: 30 工具坐标系: toolcoord1 工件坐标系: 1 X 80.573 Y 110.240 Z 142.699 RX 93.893 RY 4.698 RZ -48.509 调试速度 100 % 平滑过渡半径 0 mm 是否偏移 否 自动速度:300.000cm/min 手动速度:480.000cm/min 添加 已添加指令:Lin(30,100,0,0); 应用	点击【LIN】图标→"点名称"选择示教点"30"→点击【添加】、【应用】后可保存该条指令

217

续表 9.1

序号	图片示例	操作步骤
41	SetIO 端口　dout8 状态　False 是否阻塞　阻塞 平滑轨迹　Break 下一页 添加 已添加指令：SetDO(8,0,0); 应用	点击【I/O】图标→"端口"选择"dout8"→"状态"选择"False"→"是否阻塞"选择"阻塞"→"平滑轨迹"选择"Break"→点击【添加】、【应用】后可保存该条指令 　注：dout8 的 "False" 状态吸盘关闭
42		回到示教点"28"

续表 9.1

序号	图片示例	操作步骤
43	**LIN** ✕ 点名称：　28 工具坐标系：　toolcoord1 工件坐标系　1 X　74.146 Y　108.234 Z　267.592 RX　93.893 RY　4.698 RZ　-48.509 调试速度　100　% 平滑过渡半径　0　mm 是否偏移　否 自动速度:300.000cm/min 手动速度:480.000cm/min 添加 已添加指令：Lin(28,100,0,0); 应用	点击【LIN】图标→"点名称"选择示教点"28"→点击【添加】、【应用】后可保存该条指令
44	**SetIO** ✕ 端口　dout6 状态　False 是否阻塞　阻塞 平滑轨迹　Break 下一页 添加 已添加指令：SetDO(6,0,0); 应用	点击【I/O】图标→"端口"选择"dout6"→"状态"选择"False"→"是否阻塞"选择"阻塞"→"平滑轨迹"选择"Break"→点击【添加】、【应用】后可保存该条指令 注：dout6 的"False"状态是输送带关闭

续表9.1

序号	图片示例	操作步骤
45	wuliao.lua 1→ SetDO(6,1,0) 2→ Lin(28,100,0,0) 3→ Lin(29,100,0,0) 4→ Lin(30,100,0,0) 5→ SetDO(8,1,0) 6→ Lin(29,100,0,0) 7→ Lin(31,100,0,0) 8→ Lin(32,100,0,0) 9→ SetDO(8,0,0) 10→ Lin(31,100,0,0) 11→ WaitDI(0,1,0,2) 12→ Lin(33,100,0,0) 13→ Lin(34,100,0,0) 14→ SetDO(8,1,0) 15→ Lin(33,100,0,0) 16→ Lin(29,100,0,0) 17→ Lin(30,100,0,0) 18→ SetDO(8,0,0) 19→ Lin(28,100,0,0) 20→ SetDO(6,0,0)	物料搬运完整程序

9.4.4 关联程序设计

本项目无需关联程序设计。

9.4.5 项目程序调试

手动运行程序调试步骤见表9.2。

表9.2 手动运行程序调试

序号	图片示例	操作步骤
1	当前机器人模式　手动模式 切换模式	点击【🖱】

220

续表 9.2

序号	图片示例	操作步骤
2		在机器人手动运行模式下,移动至初始点后,调整速度,然后点击程序的蓝色高亮显示按钮,单步运行即可
3		程序运行过程中可以按停止按钮或者暂停按钮,暂停之后点击恢复按钮即可运行
4		项目程序总体调试

9.4.6 项目总体运行

自动运行程序调试步骤见表 9.3。

表 9.3　自动运行程序调试

序号	图片示例	操作步骤
1	当前机器人模式　自动模式 切换模式	点击【🔄】
2	示教程序运行确认　✕ 确认运行当前示教程序！ 取消　运行	在机器人自动运行之前，需确认当前示教程序是否运行
3	wuliao.lua 1 SetDO(6,1,0) 2 Lin(28,100,0,0) 3 Lin(29,100,0,0) 4 Lin(30,100,0,0) 5 SetDO(8,1,0) 6 Lin(29,100,0,0) 7 Lin(31,100,0,0) 8 Lin(32,100,0,0) 9 SetDO(8,0,0) 10 Lin(31,100,0,0) 11 WaitDI(0,1,0,2) 12 Lin(33,100,0,0) 13 Lin(34,100,0,0) 14 SetDO(8,1,0) 15 Lin(33,100,0,0) 16 Lin(29,100,0,0) 17 Lin(30,100,0,0) 18 SetDO(8,0,0) 19 Lin(28,100,0,0) 20 SetDO(6,0,0)	在机器人自动运行模式下，移动至初始点后，调整速度，然后点击【▶】开始按钮即可

222

续表 9.3

序号	图片示例	操作步骤
4		程序运行过程中可以停止或者暂停，暂停之后点击恢复按钮即可运行
5		项目程序总体调试

9.5　项目验证

9.5.1　效果验证

项目运行完成后，得到的效果应如图 9.11 所示，吸盘从初始点直线运动到圆饼抬起点后，然后按照图 9.11 所示的路径进行运动，最后回到初始点。

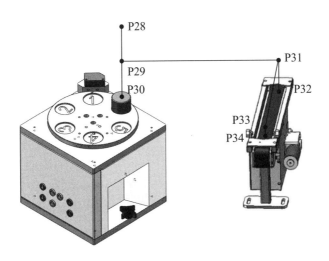

图 9.11　效果验证

223

9.5.2 数据验证

程序编写完成后，点击每一条程序的【命令行编辑】按钮即可查看每一点的位姿数据，通过点位信息也可验证程序的可行性，数据验证如图 9.12 所示。

图 9.12 数据验证

9.6 项目总结

9.6.1 项目评价

本项目主要介绍了物料搬运项目应用，通过本项目的学习，可了解或掌握以下内容：

（1）熟悉了解物料搬运项目应用的场景及项目的意义。

（2）熟悉物料搬运动作的流程及路径规划。

（3）掌握机器人 I/O 的设置。

（4）掌握机器人的编程、调试及运行方法。

9.6.2 项目拓展

通过本项目的学习，可以对项目进行以下拓展：

拓展项目：利用 if...else 指令实现物料搬运项目的流水线应用。

参考文献

[1] 张明文. 工业机器人技术人才培养方案[M]. 哈尔滨：哈尔滨工业大学出版社，2017.

[2] 张明文. 工业机器人技术基础及应用[M]. 哈尔滨：哈尔滨工业大学出版社，2017.

[3] 张明文. 工业机器人入门实用教程（FANUC 机器人）[M]. 哈尔滨：哈尔滨工业大学出版社，2017.

[4] 张明文. 工业机器人入门实用教程（ABB 机器人）[M]. 哈尔滨：哈尔滨工业大学出版社，2018.

[5] 张明文，王璐欢. 智能协作机器人入门实用教程（优傲机器人）[M]. 北京：机械工业出版社，2020.

[6] 张明文. 智能协作机器人技术应用初级教程（遨博）[M]. 哈尔滨：哈尔滨工业大学出版社，2020.

226

先进制造业学习平台

先进制造业职业技能学习平台

工业机器人教育网（www.irobot-edu.com）

先进制造业互动教学平台

海渡职校APP

一键下载
收入口袋

专业的教育平台	先进制造业垂直领域在线教育平台
更轻的学习方式	随时随地、无门槛实时线上学习
全维度学习体验	理论加实操，线上线下无缝对接
更快的成长路径	与百万工程师在线一起学习交流

领取专享积分

下载"海渡职校APP"，进入"学问"—"圈子"，
晒出您与本书的合影或学习心得，即可领取超额积分。

积分兑换

专家课程

实体书籍

实物周边

线下实操

步骤一

登录"工业机器人教育网"

www.irobot-edu.com，菜单栏单击【职校】

步骤二

单击菜单栏【在线学堂】下方找到您需要的课程

步骤三

课程内视频下方单击【课件下载】

教学课件下载步骤

咨询与反馈

尊敬的读者：

感谢您选用我们的教材！

本书有丰富的配套教学资源，在使用过程中，如有任何疑问或建议，可通过邮件（edubot@hitrobotgroup.com）或扫描右侧二维码，在线提交咨询信息。

全国服务热线：400-6688-955

（教学资源建议反馈表）

先进制造业人才培养丛书

■ 工业机器人

教材名称	主编	出版社
工业机器人技术人才培养方案	张明文	哈尔滨工业大学出版社
工业机器人基础与应用	张明文	机械工业出版社
工业机器人技术基础及应用	张明文	哈尔滨工业大学出版社
工业机器人专业英语	张明文	华中科技大学出版社
工业机器人入门实用教程(ABB机器人)	张明文	哈尔滨工业大学出版社
工业机器人入门实用教程(FANUC机器人)	张明文	哈尔滨工业大学出版社
工业机器人入门实用教程(汇川机器人)	张明文、韩国震	哈尔滨工业大学出版社
工业机器人入门实用教程(ESTUN机器人)	张明文	华中科技大学出版社
工业机器人入门实用教程(SCARA机器人)	张明文、于振中	哈尔滨工业大学出版社
工业机器人入门实用教程(珞石机器人)	张明文、曹华	化学工业出版社
工业机器人入门实用教程(YASKAWA机器人)	张明文	哈尔滨工业大学出版社
工业机器人入门实用教程(KUKA机器人)	张明文	人民邮电出版社
工业机器人入门实用教程(EFORT机器人)	张明文	华中科技大学出版社
工业机器人入门实用教程(COMAU机器人)	张明文	哈尔滨工业大学出版社
工业机器人入门实用教程(配天机器人)	张明文、索利洋	哈尔滨工业大学出版社
工业机器人知识要点解析(ABB机器人)	张明文	哈尔滨工业大学出版社
工业机器人知识要点解析(FANUC机器人)	张明文	机械工业出版社
工业机器人编程及操作(ABB机器人)	张明文	哈尔滨工业大学出版社
工业机器人编程操作(ABB机器人)	张明文、于霜	人民邮电出版社
工业机器人编程操作(FANUC机器人)	张明文	人民邮电出版社
工业机器人编程基础(KUKA机器人)	张明文、张宋文、付化举	哈尔滨工业大学出版社
工业机器人离线编程	张明文	华中科技大学出版社
工业机器人离线编程与仿真(FANUC机器人)	张明文	人民邮电出版社
工业机器人原理及应用(DELTA并联机器人)	张明文、于振中	哈尔滨工业大学出版社
工业机器人视觉技术及应用	张明文、王璐欢	人民邮电出版社
智能机器人高级编程及应用(ABB机器人)	张明文、王璐欢	机械工业出版社
工业机器人运动控制技术	张明文、于霜	机械工业出版社
工业机器人系统技术应用	张明文、顾三鸿	哈尔滨工业大学出版社
机器人系统集成技术应用	张明文、何定阳	哈尔滨工业大学出版社
工业机器人与视觉技术应用初级教程	张明文、何定阳	哈尔滨工业大学出版社

■ 智能制造

教材名称	主编	出版社
智能制造与机器人应用技术	张明文、王璐欢	机械工业出版社
智能控制技术专业英语	张明文、王璐欢	机械工业出版社
智能制造技术及应用教程	谢力志、张明文	哈尔滨工业大学出版社
智能运动控制技术应用初级教程(翠欧)	张明文	哈尔滨工业大学出版社
智能协作机器人入门实用教程(优傲机器人)	张明文、王璐欢	机械工业出版社
智能协作机器人技术应用初级教程(遨博)	张明文	哈尔滨工业大学出版社
智能移动机器人技术应用初级教程(博众)	张明文	哈尔滨工业大学出版社
智能制造与机电一体化技术应用初级教程	张明文	哈尔滨工业大学出版社
PLC编程技术应用初级教程(西门子)	张明文	哈尔滨工业大学出版社

教材名称	主编	出版社
智能视觉技术应用初级教程（信捷）	张明文	哈尔滨工业大学出版社
智能制造与PLC技术应用初级教程	张明文	哈尔滨工业大学出版社
智能协作机器人技术应用初级教程（法奥）	王超、张明文	哈尔滨工业大学出版社
智能力控机器人技术应用初级教程（思灵）	陈兆芃、张明文	哈尔滨工业大学出版社
智能协作机器人技术应用初级教程（FRANKA）	[德国]刘恩德、张明文	哈尔滨工业大学出版社

■ 工业互联网

教材名称	主编	出版社
工业互联网人才培养方案	张明文、高文婷	哈尔滨工业大学出版社
工业互联网与机器人技术应用初级教程	张明文	哈尔滨工业大学出版社
工业互联网智能网关技术应用初级教程（西门子）	张明文	哈尔滨工业大学出版社
工业互联网数字孪生技术应用初级教程	张明文、高文婷	哈尔滨工业大学出版社

■ 人工智能

教材名称	主编	出版社
人工智能人才培养方案	张明文	哈尔滨工业大学出版社
人工智能技术应用初级教程	张明文	哈尔滨工业大学出版社
人工智能与机器人技术应用初级教程（e.Do教育机器人）	张明文	哈尔滨工业大学出版社